高职高专大数据技术专业系列教材

Linux 操作系统基础(微课版)

主　编　卢启臣

副主编　张鼎兴　焦国华

西安电子科技大学出版社

内 容 简 介

本书以目前比较流行的 CentOS Linux 7 为例，由浅入深、全面系统地介绍了 Linux 操作系统基础操作的相关内容，强调实践能力的培养，以项目为导向、以任务为驱动展开知识点的介绍。全书由 9 个项目组成，包括 Linux 操作系统的安装与配置、Linux 基本命令操作、熟练使用 vim 文本编辑器、Linux 用户和组群管理、管理文件权限、磁盘管理、网络配置与管理、软件安装与包管理工具、MySQL 数据库服务器。为了便于理解与掌握每个项目中的知识点，每个项目都配备了实训和练习题。

本书适合作为中、高等职业院校计算机相关专业的教材，也可作为有关专业技术人员的培训教材，还可作为广大 Linux 初学者必备的参考书。

图书在版编目(CIP)数据

Linux 操作系统基础：微课版 / 卢启臣主编. —西安：西安电子科技大学出版社，2022.8 (2025.8 重印)
ISBN 978–7–5606–6578–8

Ⅰ. ① L… Ⅱ. ① 卢… Ⅲ. ① Linux 操作系统 Ⅳ. ① TP316.85

中国版本图书馆 CIP 数据核字(2022)第 127145 号

策　　划　明政珠
责任编辑　孟秋黎
出版发行　西安电子科技大学出版社(西安市太白南路 2 号)
电　　话　(029) 88202421　88201467　　　邮　　编　710071
网　　址　www.xduph.com　　　　　　电子邮箱　xdupfxb001@163.com
经　　销　新华书店
印刷单位　咸阳华盛印务有限责任公司
版　　次　2022 年 8 月第 1 版　2025 年 8 月第 5 次印刷
开　　本　787 毫米×1092 毫米　1/16　印张 14
字　　数　322 千字
定　　价　36.00 元
ISBN　978–7–5606–6578–8
XDUP 6880001–5
***如有印装问题可调换

序

自从 2014 年大数据首次写入政府工作报告以来，大数据就逐渐成为各级政府关注的热点。2015 年 9 月，国务院印发了《促进大数据发展行动纲要》，系统部署了我国大数据发展工作，至此，大数据成为国家级的发展战略。2017 年 1 月，工信部编制印发了《大数据产业发展规划(2016—2020 年)》。

为了对接大数据国家发展战略，教育部批准于 2017 年开办高职大数据技术专业，2017 年全国共有 64 所职业院校获批开办该专业，2020 年全国有 619 所高职院校成功申报大数据技术专业，大数据技术专业已经成为高职院校最火爆的新增专业。

为了培养满足经济社会发展的大数据人才，加强粤港澳大湾区区域内高职院校的协同育人和资源共享，2018 年 6 月，在广东省人才研究会的支持下，由广州番禺职业技术学院牵头，联合深圳职业技术学院、广东轻工职业技术学院、广东科学技术职业学院、广州市大数据行业协会、佛山市大数据行业协会、香港大数据行业协会、广东职教桥数据科技有限公司、广东泰迪智能科技股份有限公司等 200 余家高职院校、协会和企业，成立了广东省大数据产教联盟，联盟先后开展了大数据产业发展、人才培养模式、课程体系构建、深化产教融合等主题的研讨活动。

课程体系是专业建设的顶层设计，教材开发是专业建设和三教改革的核心内容。为了贯彻党的十九大精神，普及和推广大数据技术，为高职院校人才培养做好服务，西安电子科技大学出版社在广泛调研的基础上，结合自身的出版优势，联合广东省大数据产教联盟策划了"高职高专大数据技术专业系列教材"。

为此，广东省大数据产教联盟和西安电子科技大学出版社于 2019 年 7 月在广东职教桥数据科技有限公司召开了"广东高职大数据技术专业课程体系构建与教材编写研讨会"。来自广州番禺职业技术学院、深圳职业技术学院、深圳信息职业技术学院、广东科学技术职业学院、广东轻工职业技术学院、中山职业技术学院、广东水利电力职业技术学院、佛山职业技术学院、广东职教桥数据科技有限公司、广东泰迪智能科技股份有限公司和西安电子科技大学出版社等单位的 30 余位校企专家参与了研讨。大家围绕大数据技术专业人才培养定位、培养目标、专业基础(平台)课程、专业能力课程、专业拓展(选修)课程及教材编写方案进行了深入研讨，最后形成了如表 1 所示的高职高专大数据技术专业课程体系。在课程体系中，为了加强动手能力的培养，从第三学期到第五学期，开设了 3 个共 8 周的项目实践；为形成专业特色，第五学期的课程，除 4 周的"大数据项目开发实践"外，其他都是专业拓展课程，各学校可根据区域大数据产业发展需求、学生职业发展需要和学校办学条件，开设纵向延伸、横向拓宽及 X 证书的专业拓展选修课程。

表 1 高职高专大数据技术专业课程体系

序号	课程名称	课程类型	建议课时
第一学期			
1	大数据技术导论	专业基础	54
2	Python 编程技术	专业基础	72
3	Excel 数据分析应用	专业基础	54
4	Web 前端开发技术	专业基础	90
第二学期			
5	计算机网络基础	专业基础	54
6	Linux 基础	专业基础	72
7	数据库技术与应用(MySQL 版或 NoSQL 版)	专业基础	72
8	大数据数学基础——基于 Python	专业基础	90
9	Java 编程技术	专业基础	90
第三学期			
10	Hadoop 技术与应用	专业能力	72
11	数据采集与处理技术	专业能力	90
12	数据分析与应用——基于 Python	专业能力	72
13	数据可视化技术(ECharts 版或 D3 版)	专业能力	72
14	网络爬虫项目实践(2 周)	项目实训	56
第四学期			
15	Spark 技术与应用	专业能力	72
16	大数据存储技术——基于 HBase/Hive	专业能力	72
17	大数据平台架构(Ambari，Cloudera)	专业能力	72
18	机器学习技术	专业能力	72
19	数据分析项目实践(2 周)	项目实训	56
第五学期			
20	大数据项目开发实践(4 周)	项目实训	112
21	大数据平台运维(含大数据安全)	专业拓展(选修)	54
22	大数据行业应用案例分析	专业拓展(选修)	54
23	Power BI 数据分析	专业拓展(选修)	54
24	R 语言数据分析与挖掘	专业拓展(选修)	54
25	文本挖掘与语音识别技术——基于 Python	专业拓展(选修)	54
26	人脸与行为识别技术——基于 Python	专业拓展(选修)	54
27	无人系统技术(无人驾驶、无人机)	专业拓展(选修)	54
28	其他专业拓展课程	专业拓展(选修)	
29	X 证书课程	专业拓展(选修)	
第六学期			
29	毕业设计		
30	顶岗实习		

基于此课程体系，与会专家和主编教师研讨了大数据技术专业相关课程的编写大纲，各主编教师就相关选题进行了写作思路汇报，大家相互讨论，梳理和确定了每一本教材的编写内容与计划，最终形成了该系列教材。

本系列教材由广东省部分高职院校联合大数据与人工智能企业共同策划出版，汇聚了校企多方资源及各位主编和专家的集体智慧。在本系列教材出版之际，特别感谢深圳职业技术学院数字创意与动画学院院长聂哲教授、深圳信息职业技术学院软件学院院长蔡铁教授、广东科学技术职业学院计算机工程技术学院(人工智能学院)院长曾文权教授、广东轻工职业技术学院信息技术学院院长秦文胜教授、中山职业技术学院信息工程学院院长史志强教授、顺德职业技术学院智能制造学院院长杨小东教授、佛山职业技术学院电子信息学院院长唐建生教授、广东水利电力职业技术学院计算机系主任敖新宇教授，他们对本系列教材的出版给予了大力支持，安排学校的大数据专业带头人和骨干教师积极参与教材的编写工作；特别感谢广东省大数据产教联盟秘书长、广东职教桥数据科技有限公司董事长陈劲先生提供交流平台和多方支持；特别感谢广东泰迪智能科技股份有限公司董事长张良均先生为本系列教材提供技术支持和企业应用案例；特别感谢西安电子科技大学出版社副总编辑毛红兵女士为本系列教材提供出版支持；同时也要感谢广州番禺职业技术学院信息工程学院胡耀民博士、詹增荣博士、陈惠红老师、赖志飞博士等的积极参与。感谢所有为本系列教材出版付出辛勤劳动的各院校的老师、企业界的专家和出版社的编辑！

由于大数据技术发展迅速，教材中的欠妥之处在所难免，敬请专家和使用者批评指正，以便改正完善。

广州番禺职业技术学院

余明辉

2021 年 6 月

高职高专大数据技术专业系列教材编委会

前　言

本书依托"大数据技术专业群"Linux 公共基础课的课程开发而编写，结合大数据技术应用、云计算技术应用、计算机应用技术、计算机网络技术等专业对 Linux 操作系统基础知识的需求，去除了类似教材中偏向网络技术的知识点，增加了大数据技术方面的知识点；同时结合中、高职院校学生的知识储备和学习特点，增加了实践操作环节，并把理论知识融入实践操作的每一个环节中。在设计实践操作时，力求每个环节都可闭环操作，避免学生在实操时不知前因和后果。

本书采用 CentOS Linux 7 版本，由讲授 Linux 相关课程的经验丰富的一线教师编写。全书内容循序渐进，按照初学者的学习思路编排，条理性强，语言通俗，容易理解，特别是在设计实践操作时注重实操的延续性，并对每一个实操步骤做了注释说明，以帮助初学者理解和掌握。

卢启臣担任本书主编并负责统稿工作。本书编写分工如下：项目一、二、四、六、八由卢启臣编写，项目三、九由焦国华编写，项目五、七由张鼎兴编写。

本书配有电子课件、教案等教学资源，读者可登录西安电子科技大学出版社网站(https://www.xduph.com/)下载。

由于作者水平有限，书中不妥之处在所难免，欢迎广大读者提出宝贵意见和建议。

编　者

2022 年 4 月

目　　录

项目一　Linux 操作系统的安装与配置

 项目内容

本项目主要讲解 Linux 操作系统的由来和发展历程，介绍学习本课程需要使用的软件，同时完整地演示 VMware Workstation Pro 虚拟机软件的安装与配置，CentOS 7 操作系统的安装、配置与 systemd 初始化进程，以及 VMware Workstation Pro 虚拟机的使用技巧。

 思维导图

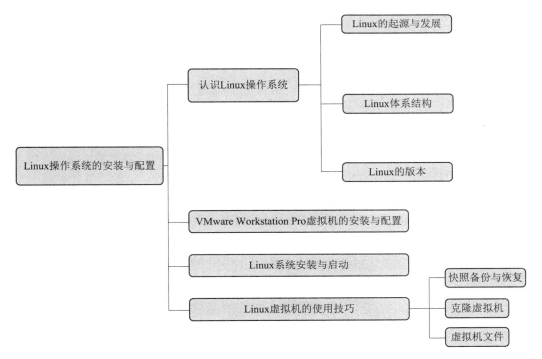

 能力目标和要求

(1) 理解 Linux 操作系统的体系结构。

(2) 掌握虚拟机(VMware Workstation)的安装和使用方法。

(3) 掌握在虚拟机中安装 Linux 操作系统的方法。

(4) 掌握 RHEL 7/CentOS 7 操作系统的安装与启动方法。

(5) 掌握在虚拟机中备份与恢复、克隆、迁移操作系统的方法。

任务 1.1　认识 Linux 操作系统

1.1.1　Linux 操作系统的起源与发展

Linux，全称 GNU/Linux，是一套免费使用和自由传播的类 Unix 操作系统，是一个基于 POSIX 和 Unix 的多用户、多任务、支持多线程和多 CPU 的操作系统。

1969 年，肯·汤普森(K. Thompson)和丹尼斯·里奇(D. M. Ritchie)在美国 AT&T 的贝尔实验室实现了一种分时操作系统的雏形，1970 年他们将该系统正式取名为 Unix。Unix 操作系统在最开始是免费且开源的。Unix 由于具有良好而稳定的性能，因此迅速在计算机中得到了广泛应用。但是在 1979 年，AT&T 公司宣布了 Unix 系统的商业化计划，Unix 系统不再开源免费使用，至此，各美国高校无法再获得 Unix 系统进行教学活动。1984 年，理查德·斯托曼(Richard Stallman)发起了 GNU 源代码开放计划，他建立了自由软件基金会(Free Software Foundation，FSF)，并提出 GNU 计划的目的是开发一个完全自由的、与 Unix 类似但功能更强大的操作系统，以便为所有的计算机用户提供一个功能齐全、性能良好的基本系统。1987 年，GNU 计划获得了一项重大突破，即 gcc 编译器发布，使得程序员可以基于该编译器编写属于自己的开源软件。

此时，计算机科学领域迫切需要一个更加完善、强大、廉价和完全开放的操作系统。由于供教学使用的典型操作系统很少，因此，当时在荷兰当教授的美国人安德鲁斯·特尼博姆(Andrew S. Tanenbaum)编写了一个操作系统——MINIX。MINIX 专门用于向学生讲述操作系统的内部工作原理。MINIX 虽然很好，但它只是以教学为目的的简单操作系统，而不是一个强有力的实用操作系统。然而 MINIX 是公开源代码的，全世界学计算机的学生都可通过钻研 MINIX 源代码来了解操作系统的内部原理。芬兰赫尔辛基大学二年级的学生李纳斯·托瓦兹(Linus Torvalds)正是在吸收了 MINIX 精华的基础上，于 1991 年写出了属于自己的操作系统并将其命名为 Linux0.01，这正是 Linux 时代开始的标志。随后他利用 Unix 的核心，去除繁杂的核心程序，改写成适用于使用 x86 的一般计算机的操作系统，并放在网络上供大家下载学习。在 1994 年，托瓦兹推出完整的核心版本 Version1.0。至此，Linux 逐渐成为功能完善、稳定的操作系统并被广泛使用。

1.1.2　Linux 体系结构

Linux 体系可以简单地分为 3 个层次，即内核(kernel)、shell 层(命令解释器)、应用层，如图 1-1 所示。

图 1-1 Linux 体系结构

1. 内核

内核是硬件与软件之间的一个中间层，它是 Linux 系统的核心和基础，它将应用层程序的请求传递给硬件，并充当底层驱动程序，对系统中的各种设备和组件进行寻址，同时负责将可用的共享资源分配给各个系统进程。Linux 内核的主要模块有存储管理、CPU 和进程管理、文件系统、设备管理和驱动、网络通信，以及系统的初始化(引导)、系统调用等。

2. shell 层

shell 层是一层套在内核外面的"壳"，它是系统的用户界面，是用户与内核进行交互操作的一种接口。shell 层接收用户输入的 shell 命令并解释之后送入内核中执行，因此，shell 层实际上是一个命令解释器。Linux 系统有多个不同版本的 shell，常见的有 Boume shell、BASH、Korn shell、C shell 等。

3. 应用层

应用层由一系列应用程序集合组成，这些应用程序通过基于 X Window 协议的图形界面提供给用户使用，如 Firefox 浏览器等。

1.1.3 Linux 的版本

Linux 的版本分为内核版本和发行版本。我们通常所说的 Linux 系统是免费的操作系统，指的是 Linux 的内核免费。在 Linux 内核的基础上添加相应的应用软件并进行打包，就形成了发行版本。

1. 内核版本

Linux 内核的开发和规范一直由 Linus 领导的开发小组所控制，版本也是唯一的。开发小组每隔一段时间公布新的版本或其修订版，从 1991 年 10 月 Linus 向世界公开发布的内核 0.0.2 版本(0.0.1 版本因功能过于简陋而没有公开发布)到目前的内核 5.16.13 版本，Linux 的功能越来越强大。

Linux 内核的版本号命名是遵守一定规则的，其由 3 个数字组成，即 x. y. z，表示"主版本号. 次版本号. 修订版本号"。主版本号很少发生变化，只有内核代码发生重大变化时才会改变；次版本号是指一些重大修改的内核，偶数表示稳定版本，奇数表示开发中的版本；修订版本号是指轻微修订的内核，当有安全补丁、bug 修复、新的功能或新的驱动程序时这个数字就会发生改变。用户可以到 Linux 内核官方网站 http://www.kernel.org/查看及下载最新的内核代码,如图 1-2 所示。在 RHEL 7/CentOS 7 系统中,用户可以使用 uname -a 来查看当前系统的内核版本。

```
[root@localhost ~]# uname -a
Linux localhost.localdomain 3.10.0-693.el7.x86_64 #1 SMP Tue Aug 22 21:09:27 UTC 2017
x86_64 x86_64 x86_64 GNU/Linux
```

说明如下:3 表示主版本号;10 表示次版本号,当前为稳定版本;0 表示修订版本号;693 表示发行版本的补丁版本;el7 表示正在使用的内核是 RedHat/CentOS 系列发行版专用内核;x86_64 表示采用的是 64 位的 CPU。

图 1-2　Linux 内核官方网站

2. 发行版本

用户无法使用仅有内核而没有应用软件的操作系统。为了让用户方便地安装和使用 Linux,许多公司或社团将内核、源代码及相关的应用程序打包构成一个完整的操作系统后进行发布,这就是发行版本(distribution),通常大家所说的 Linux 系统一般指的都是发行版本。常见的 Linux 发行版本如表 1-1 所示。

表 1-1　常见的 Linux 发行版本

版本名称	特　点
Red Hat Linux	Red Hat Linux 是目前世界上最获认可的 Linux 系统,功能齐全,安全可靠,一般应用于企业级服务器并通过收费提供技术支持
Debian Linux	Debian Linux 非常稳定,具有卓越的质量控制,包括超过 30 000 个软件包,支持比任何其他 Linux 发行版更多的处理器体系结构,但稳定版的更新较慢
Fedora Core	Fedora Core 拥有数量庞大的用户、优秀的社区技术支持、高度创新、突出的安全功能、大量支持的软件包
CentOS	CentOS 是对 RHEL(Red Hat Enterprise Linux)源代码再编译的系统,CentOS 将商业的 Linux 操作系统 RHEL 进行源代码再编译后分发,并在 RHEL 的基础上修正了不少已知的漏洞。CentOS 非常稳定、可靠,可免费下载和使用

续表

版本名称	特　　点
SUSE Linux	SUSE Linux 为专业的操作系统、易用的 YaST 软件包管理系统
Mandriva	操作界面友好，使用图形配置工具，有庞大的社区提供技术支持，支持 NTFS 分区的大小变更
KNOPPIX	KNOPPIX 可以直接在 CD 上运行，具有优秀的硬件检测和适配能力，可作为系统的急救盘使用
Gentoo Linux	Gentoo Linux 具有高度的可定制性，使用手册完整
Ubuntu	Ubuntu 是基于 Debian Linux 构建的，具有固定的发布周期和支持期，对新手友好，具有丰富的文档、优秀的桌面环境

任务 1.2　VMware Workstation Pro 虚拟机的安装与配置

在安装 Linux 操作系统之前，我们先使用虚拟机软件配置一台虚拟机。虚拟机是一种软件形式的计算机，虚拟机和物理机一样能运行操作系统和应用程序。虚拟机可使用其所在物理机(即主机系统)的物理资源，可提供与物理硬件相同功能的虚拟设备，在此基础上还具备可移植性、可管理性和安全性优势。虚拟机拥有操作系统和虚拟资源，其管理方式类似于物理机。例如，可以像在物理机中安装操作系统那样在虚拟机中安装操作系统。本书使用的虚拟软件是 VMware Workstation 16 Pro，大家可到 VMware 的官网下载相关软件。下面进行虚拟机的安装与配置。

1.2.1　VMware Workstation Pro 虚拟机的安装

(1) 双击运行下载好的 VMware Workstation 16 Pro 虚拟机软件安装包，将会弹出"VMware Workstation Pro 安装向导"界面，如图 1-3 所示，单击【下一步】按钮。

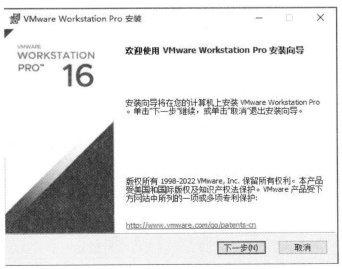

图 1-3　"VMware Workstation Pro 安装向导"界面

(2) 在弹出的"最终用户许可协议"界面中，单击选中"我接受许可协议中的条款"复选框，再单击【下一步】按钮，如图 1-4 所示。

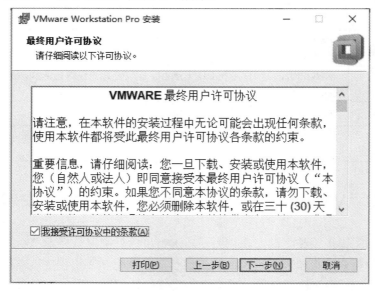

图 1-4 "最终用户许可协议"界面

(3) 在弹出的"自定义安装"界面中可以采取默认设置的方式进行安装。如果要更改软件的安装路径，单击【更改...】按钮进行安装路径的选择，再单击【下一步】按钮，如图 1-5 所示。

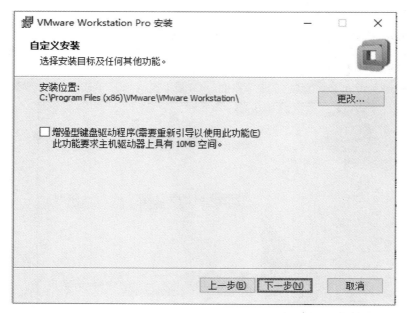

图 1-5 "自定义安装"界面

(4) 在弹出的"用户体验设置"界面中可以采取软件默认安装方式，也可以自由选择，单击【下一步】按钮，如图 1-6 所示。

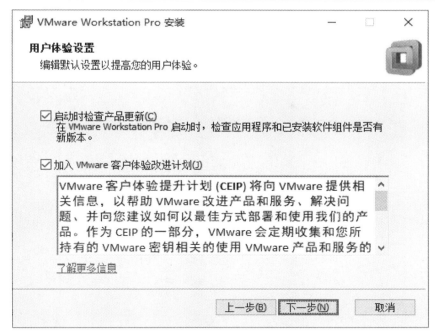

图 1-6　"用户体验设置"界面

　　(5) 在弹出的"快捷方式"界面中设置虚拟机启动的快捷方式,根据自己的需求进行设置,单击【下一步】按钮,如图 1-7 所示。

图 1-7　"快捷方式"界面

　　(6) 在弹出的"已准备好安装 VMware Workstation Pro"界面中,单击【安装】按钮,如图 1-8 所示。随即进入虚拟机安装等待过程,如图 1-9 所示。

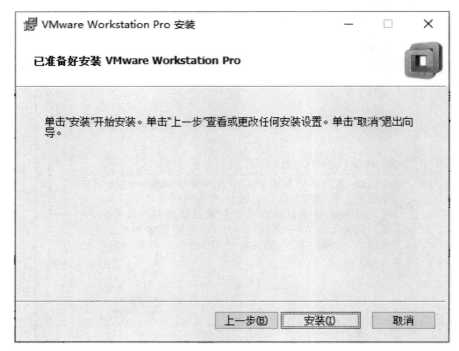

图 1-8　"已准备好安装 VMware Workstation Pro"界面

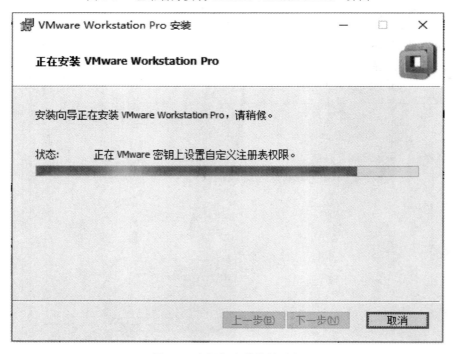

图 1-9　虚拟机安装等待过程

(7) 安装完成后，在弹出的如图 1-10 的界面中单击【许可证】按钮，输入许可证密钥。如没有许可证密钥，就直接单击【完成】按钮，退出安装向导。

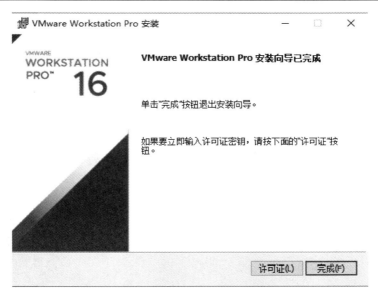

图 1-10　安装向导完成界面

（8）单击桌面的"VMware Workstation Pro"快捷方式，运行 VMware Workstation Pro 软件。如果在安装过程中没有输入"许可证密钥"，则软件在第 1 次启动时会弹出如图 1-11 所示的对话框，选择"我希望试用 VMware Workstation 16 30 天(W)"选项，单击【继续】按钮进行试用。

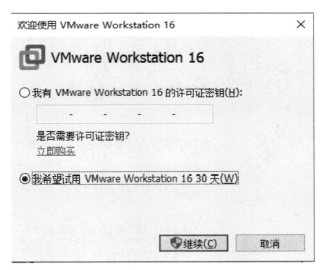

图 1-11　虚拟机许可证验证界面

注：在安装过程中，也可以先跳过许可证验证，在软件启动之后在菜单"帮助"→"输入许可证密钥"中输入密钥。

1.2.2　创建虚拟主机

（1）双击桌面上的虚拟机软件快捷图标，启动虚拟机软件，将进入虚拟机软件的管理界面，如图 1-12 所示。

图 1-12　虚拟机管理界面

(2) 在图 1-12 所示的管理界面中单击"创建新的虚拟机"选项，将弹出"新建虚拟机向导"，单选"典型(推荐)"选项，单击【下一步】按钮，如图 1-13 所示。

创建 Linux 虚拟机

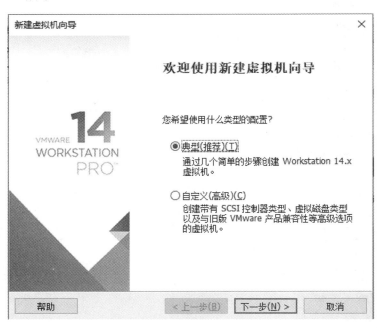

图 1-13　"新建虚拟机向导"界面

(3) 在弹出的"安装客户机操作系统"界面中，选择"稍后安装操作系统(S)"选项，单击【下一步】按钮，如图 1-14 所示。

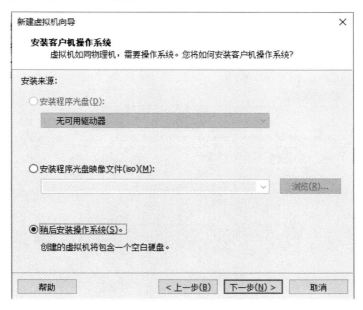

图 1-14 "安装客户机操作系统"界面

(4) 在弹出的"选择客户机操作系统"界面，将客户机操作系统的类型选择为"Linux"，版本为"Red Hat Enterprise Linux 7 64 位"或"CentOS 7 64 位"，然后单击【下一步】按钮，如图 1-15 所示。

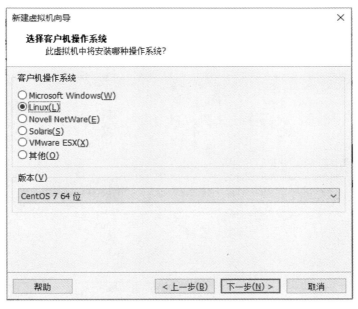

图 1-15 "选择客户机操作系统"界面

(5) 在弹出的"命名虚拟机"界面中，根据自己的需求填写虚拟机名称及虚拟机保存位置。由于虚拟机在后续安装操作系统之后所占用的磁盘空间会比较大，因此虚拟机保存位置应选择空余空间比较大的分区或磁盘，如图 1-16 所示。

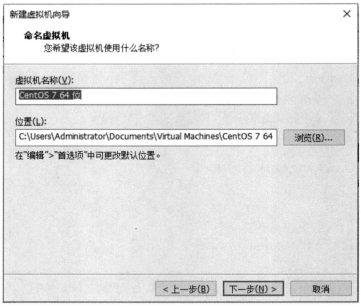

图 1-16 "命名虚拟机"界面

(6) 在弹出的"指定磁盘容量"界面中根据个人需求设置虚拟机的磁盘大小(本步骤采用默认值 20 GB)，选择"将虚拟磁盘存储为单个文件"，然后单击【下一步】按钮，如图 1-17 所示。

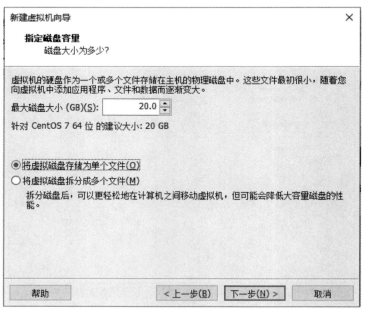

图 1-17 "指定磁盘容量"界面

(7) 在弹出的如图 1-18 "已准备好创建虚拟机"界面中，单击【自定义硬件(C)...】进入硬件设置界面，如图 1-19 所示。

图 1-18　"已准备好创建虚拟机"界面

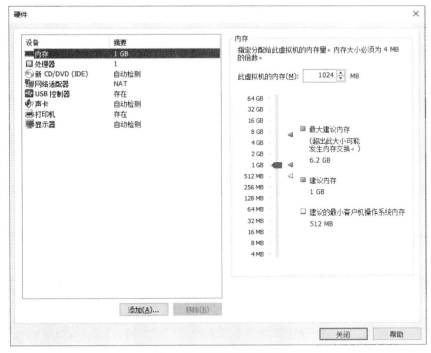

图 1-19　硬件设置对话框

(8) 在图 1-19 中，将虚拟机系统内存设置为 1024 MB，具体视计算机的配置而定。但要注意，如果要安装带图形界面的 Linux 操作系统，最小内存必须不小于 1024 MB，否则系统无法启动图形界面。

(9) 选择"新 CD/DVD(IDE)"光驱设备,在"连接"选项中,选择"使用 ISO 映像文件(M)",点击【浏览】按钮,加载 Linux 操作系统 ISO 镜像文件,如图 1-20 所示。

图 1-20　硬件设置界面

(10) VMware Workstation 虚拟机软件提供了五种可选的网络模式,分别为"桥接模式""NAT 模式""仅主机模式""自定义模式"和"LAN 区段",它们的功能如表 1-2 所示。

表 1-2　虚拟机网络模式

网络模式	交换机名称	描　　述
桥接模式	VMnet0	通过使用主机系统上的网络适配器将虚拟机连接到网络。虚拟机在网络中具有唯一标识,与主机系统相分离,且与主机系统无关
NAT 模式	VMnet8	虚拟机和主机系统共享一个网络标识,此标识在外部网络中不可见。当虚拟机发送请求以访问网络资源时,它会充当网络资源,就像请求来自主机系统一样
仅主机模式	VMnet1	虚拟机和主机虚拟网络适配器连接到专用以太网络。网络完全包含在主机系统内
自定义模式		从下拉菜单中选择一个自定义网络。尽管列表中有 VMnet0、VMnet1 和 VMnet8,但这些网络通常被用于桥接模式、仅主机模式和 NAT 模式网络
LAN 区段		从下拉菜单中选择一个 LAN 区段。LAN 区段是一个由其他虚拟机共享的专用网络

根据实际需求,选择相应的网络模式,这里采用默认的"NAT 模式",如图 1-21 所示。

图 1-21　设置网络模式

(11) 根据实际情况配置完成之后，单击【关闭】按钮，返回到"已准备好创建虚拟机"界面后，单击【完成】按钮，进入虚拟机配置成功的界面，如图 1-22 所示。

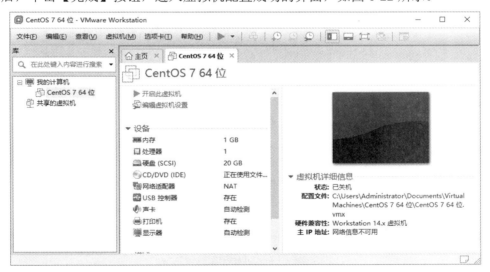

图 1-22　虚拟机配置成功的界面

任务 1.3　Linux 系统的安装与启动

1.3.1　Linux 系统的安装

(1) 创建并配置好虚拟主机之后，在图 1-22 虚拟机管理器界面中选择菜单"虚拟机"→"电源"→"打开电源时进入固件"，如图 1-23 所示。

在虚拟机中安装
Linux 操作系统

图 1-23　启动虚拟机电源并进入 BIOS 设置

(2) 此时虚拟机会加载电源并进入 BIOS 设置，单击右窗格系统安装界面，让虚拟机捕获鼠标和键盘，通过左右方向键选择"Boot"菜单，使用"+"号键把 CD-ROM 调整为第一启动顺序，然后选择菜单"Exit" → "Exit Saving Changes"保存退出，如图 1-24 所示。

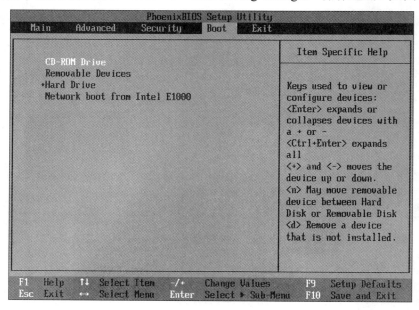

图 1-24　BIOS 设置界面

注：很多初学者在开始安装时，发现无论如何操作键盘鼠标对虚拟机都没有反应，那是因为虚拟机还没有捕获到键盘鼠标，此时只需要在系统安装界面单击一下即可。如果想让虚拟机把键盘鼠标释放返回给物理主机，只需按 Ctrl+Alt 组合键即可返回。

(3) 虚拟机重启之后，将会进入 CentOS 7 系统安装界面，如图 1-25 所示。在界面中有三个选项，分别是"安装 CentOS 7 系统""校验光盘并安装 CentOS 7 系统"和"系统救援模式"。如果确认系统安装镜像没有问题，此时我们就使用方向键选择第一个选项"Install

CentOS 7",按 Enter 键来加载系统镜像并进行安装,此时,安装程序正在进行安装初始化,如图 1-26 所示。

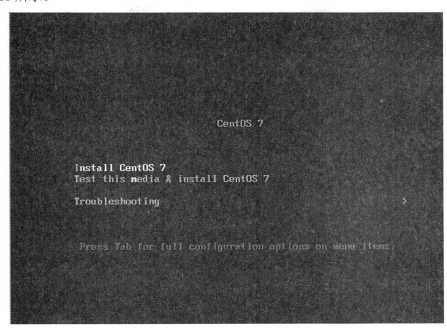

图 1-25 CentOS 7 系统安装界面

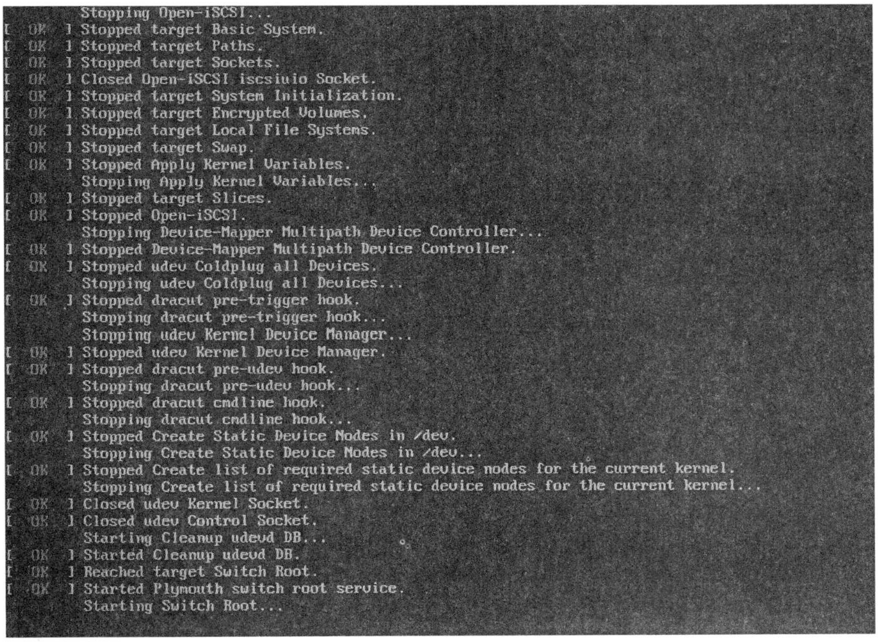

图 1-26 系统安装初始化

(4) 在弹出的语言选择界面中选择系统的安装语言"中文(简体中文)"后,单击【继续】按钮,如图 1-27 所示。

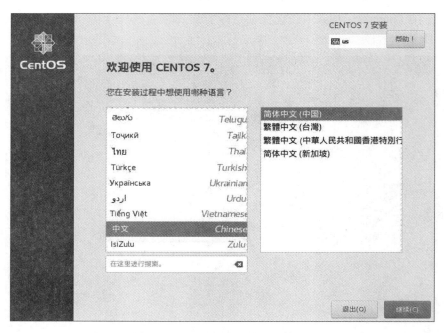

图 1-27　CENTOS 7 系统安装界面

(5) 在安装主界面中单击"软件选择"选项，如图 1-28 所示。

图 1-28　系统安装主界面

(6) Linux 系统的软件定制界面可以根据用户的需求来调整系统的基本环境，例如把 Linux 系统用作基础服务器、文件服务器、Web 服务器或工作站等。此时只需在界面中单击选中"带 GUI 的服务器"单选按钮即可(如果不选此项，系统将无法进入图形界面)，然后单击左上角的【完成】按钮，如图 1-29 所示。

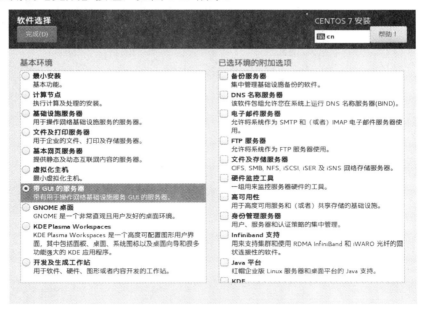

图 1-29　系统基本环境的选择与定制

　　(7) 返回到系统安装主界面，单击"网络和主机名"选项，在主机名输入栏输入主机名为 CENTOS 7，然后单击【完成】按钮返回主界面，如图 1-30 所示。

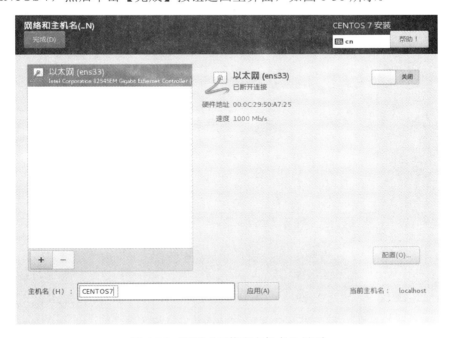

图 1-30　配置"网络和主机名"界面

　　(8) 在系统安装主界面中，单击"安装位置"选项，系统分区使用默认配置"自动配置分区(U)"选项，单击【完成】按钮返回主界面，如图 1-31 所示。

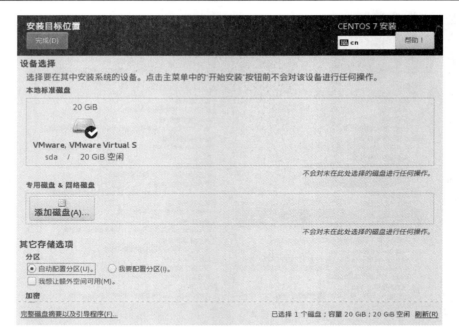

图 1-31　配置系统分区

(9) 在系统安装主界面中,单击【开始安装】按钮后即可看到安装进度,如图 1-32 所示。

图 1-32　CentOS 7 系统安装界面

(10) 在图 1-32 中选择"ROOT 密码"选项,进入 root 管理员密码设置界面,如图 1-33 所示,做实验时可以输入弱密码,如 123456,在真正的应用环境中应该设置安全的密码,若采用的是弱密码,需要单击两次左上角的【完成】按钮才能完成设置。

图 1-33　设置 root 管理员的密码

（11）Linux 系统的安装进度视物理主机的配置情况而定，一般在 30～40 分钟，用户在安装期间耐心等待即可。安装完成之后单击【重启】按钮。

（12）重启之后系统将会进入系统的初始设置界面，单击"LICENSE INFORMATION"选项，如图 1-34 所示。

图 1-34　系统初始化界面

(13) 选中"我同意许可协议"复选框，然后单击【完成】按钮，如图 1-35 所示。

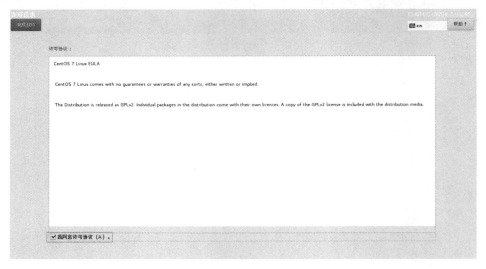

图 1-35　接受许可协议

(14) 返回如图 1-34 的初始界面后单击"完成配置"，将会重启进入 Linux 系统欢迎界面，在界面中选择默认的语言为汉语(中文)，然后单击【前进】按钮，如图 1-36 所示。

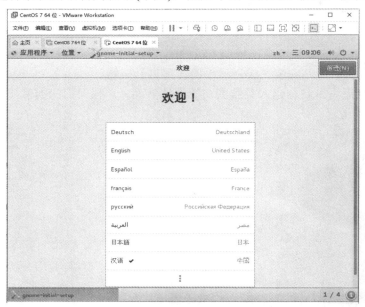

图 1-36　选择系统语言

(15) 将系统的键盘布局或输入方式选择为"English(Australian)"，然后单击【前进】按钮。

(16) 在隐私设置界面中，位置服务使用默认设置"打开"，然后单击【前进】按钮。

(17) 在时区设置界面中的搜索栏中输入"shang"，选择系统的时区为(上海，上海，中国)，然后单击【前进】按钮，如图 1-37 所示。

图 1-37　选择时区

(18) 在在线账号设置界面中，直接单击【跳过】按钮进入下一步。

(19) 在关于您设置界面中，为系统创建一个本地的普通用户，该用户根据自己的需求取名，此处用户名为"test"，如图 1-38 所示。

图 1-38　创建本地普通用户

(20) 在密码设置界面中，为创建的"test"用户设置密码为 123456，然后单击【前进】按钮。

(21) 在如图 1-39 所示的界面中单击【开始使用 CentOS Linux(S)】按钮，出现如图 1-40 所示的欢迎界面。至此，CentOS 7 系统完成了安装和部署工作。

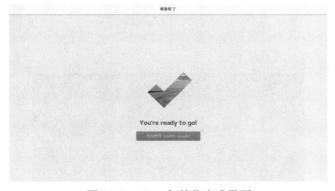

图 1-39　Linux 初始化完成界面

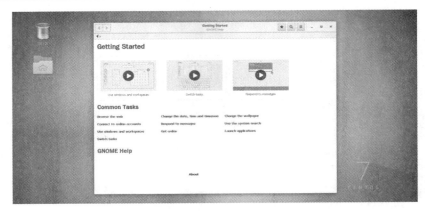

图 1-40　Linux 安装完成界面

1.3.2　Linux 系统的启动

(1) 在 VMware Workstation Pro 软件主界面中选择前面安装好的 Linux 系统标签"CentOS 7 64 位",然后单击"开启此虚拟机"启动 Linux 虚拟机(也可以通过菜单"虚拟机"→"启动虚拟机"来启动),此时,Linux 虚拟机如同真正的物理机一样,开始加电自检启动,如图 1-41 所示。

Linux 操作系统
的基本设置

图 1-41　启动 Linux 虚拟机

(2) 在等待一会之后,出现 Linux 系统用户登录对话框,如图 1-42 所示。默认情况下,Linux 系统会以前面安装过程中创建的普通用户 test 来登录。但为了后面实训可以顺利进行,我们选择 root 管理员账号登录。此时,单击"未列出?"选项,在弹出的用户名对话框中输入"root",单击"下一步"输入密码"123456"(注意区分用户名和密码的大小写),然后单击【登录】按钮完成系统登录。

图 1-42　用户登录对话框

（3）启动终端窗口。Linux 系统的很多配置都通过 shell 命令来进行。由于我们安装的是图形界面，因此，需要打开终端来使用 shell 功能。可以通过执行"应用程序"→"系统工具"→"终端"命令来打开终端窗口，也可以直接在桌面单击鼠标右键，选择"打开终端"命令，如图 1-43 所示。

图 1-43　打开终端

（4）了解 shell 提示符。打开终端之后，普通用户的命令行提示符以"$"符号表示，超级用户(管理员)的命令行提示符以"#"符号表示。例如：

[root@CENTOS7 ~]#	\\超级用户提示符是"#"
[root@CENTOS7 ~]# **su test**	\\切换到 test 用户
[test@CENTOS7 root]$	\\普通用户提示符是"$"

（5）关闭系统。可以在终端中输入"shutdown -P now"命令直接进行关机，也可以用鼠标单击右上角的关机按钮，选择【关机】按钮来关闭系统，如图 1-44 所示。

图 1-44　关闭系统

1.3.3　Linux 初始化进程之 systemd

Linux 操作系统的开机是按照"自检 BIOS→Boot Loader 引导 → 加载系统内核 → 内核初始化 → 启动初始化进程"这样一个过程进行的。在 RHEL 7/CentOS 7 版本以上的系统中初始化进程是 systemd，初始化进程是 Linux 操作系统中第一个启动的进程，它起着重要的作用，比如为系统提供初始化工作，为用户提供初始化环境等。systemd 用目标(target)来代替旧版本系统里的运行级别。systemd 目标与运行级别的对应关系如表 1-3 所示。

表 1-3　systemd 目标与运行级别的对应关系

运行级别	systemd 目标	作　　用
0	runlevel0.target poweroff.target	关闭系统
1,s,sigle	runlevel1.target rescue.target	单用户模式
2	runlevel2.target multi-user.target	用户定义/域特定运行级别，默认等同于 3
3	runlevel3.target multi-user.target	多用户，非图形化。用户可以通过多个控制台或网络登录
4	runlevel4.target multi-user.target	用户定义/域特定运行级别，默认等同于 3
5	runlevel5.target graphical.target	多用户，图形化。通常为运行级别 3 的服务外加图形化登录
6	runlevel6.target reboot.target	重启
emergency	emergency.target	紧急 shell

从图 1-43 可知，Linux 系统安装完成后，第一次进入的是图形化界面，如果想设置开机默认进入"多用户，非图形化"的文本模式，可直接用命令 ln 把多用户模式目标文件连接到/etc/systemd/system/目录下并命名为 default.target(可以理解为创建一个快捷方式)，具体命令如下(注意命令之间的空格)：

```
[root@CENTOS7 ~]# ln -sf /lib/systemd/system/multi-user.target /etc/systemd/system/default.target
```

执行以上命令重启系统之后，Linux 系统会直接进入文本登录模式，根据提示信息输入用户名和密码并按 Enter 键即可登录进入系统，如图 1-45 所示。

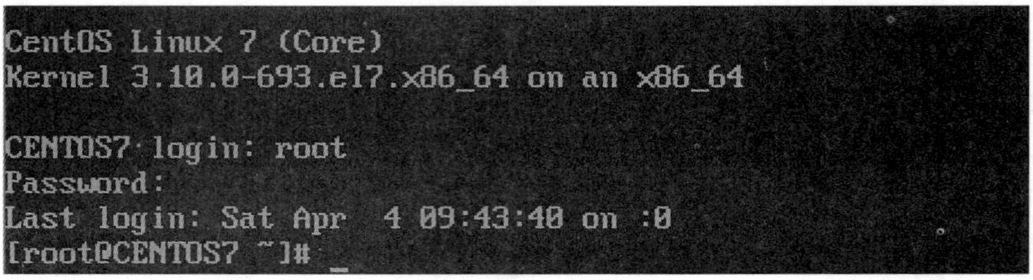

图 1-45　Linux 文本模式登录

注：在文本登录模式下，输入密码时不会回显输入的字符位数，此时，只要正常输入正确的密码即可。

在文本模式下，可以按 Ctrl+Alt+F2～F6 快捷键切换成 5 个虚拟终端(文本模式)中的任意一个，按 Ctrl+Alt+F1 快捷键或输入 startx 命令返回图形模式。

如果想把默认登录改回"多用户，图形化"，只需要在文本模式下输入以下命令：

[root@CENTOS7 ~]# **ln -sf /lib/systemd/system/graphical.target /etc/systemd/system/default.target**

如果不想修改系统的默认登录模式，而只是在生产时临时切换系统的运行级别，则可以使用 systemctl 命令，我们以 XX 代表服务器名，常见的 systemctl 命令如表 1-4 所示。

表 1-4　常用的 systemctl 命令

systemd 命令	功　　能
systemctl isolate multi-user.target systemctl isolate runlevel3.target	改变系统的运行级别
systemctl start XX.service	用来启动一个服务
systemctl stop XX.service	用来停止一个服务
systemctl restart XX.service	用来重启一个服务
systemctl reload XX.service	用来重新装载配置文件而不中断服务
systemctl status XX.service	用来汇报服务是否正在运行
systemctl enable XX.service	在下次启动或满足触发条件时设置服务为启用
systemctl disable XX.service	在下次启动或满足触发条件时设置服务为禁用
systemctl reboot	重启系统
systemctl poweroff	关机
systemctl suspend	待机

任务 1.4　Linux 虚拟机的使用技巧

1.4.1　Linux 虚拟机的快照备份与恢复

为了防止后期做实验时造成系统崩溃或损坏，可以把前面安装完成的 Linux 虚拟机做一个备份，以防不时之需，当出现系统故障时，可以快速地还原至出错前的环境状态，进而减少重装系统或重新配置的时间，而这一功能我们可以通过 VMware Workstation Pro 虚拟机软件的快照功能来实现。

在拍摄快照时，Workstation Pro 保留虚拟机的状态，以便反复恢复为相同的状态。快照捕获拍摄快照时完整的虚拟机状态，包括虚拟机内存、虚拟机设置以及所有虚拟磁盘的状态。

(1) 要为选定的虚拟机拍摄快照选项，首先我们选择需要拍快照的虚拟机标签，然后执行菜单"虚拟机"→"快照"→"拍摄快照"命令，如图 1-46 所示。

图 1-46 快照备份与恢复

(2) 执行上述命令之后，弹出如图 1-47 所示的"拍摄快照"对话框，需要填写快照"名称"和"描述"，最后单击【拍摄快照】按钮进行保存。

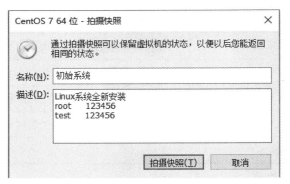

图 1-47 拍摄快照

(3) 进行效果验证，如图 1-48 所示，在桌面上增加一个 test 文件夹。

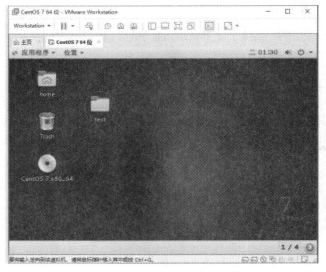

图 1-48 创建一个新的文件夹

　　(4) 关闭虚拟机后，在 Workstation Pro 菜单栏中选择"虚拟机"→"快照"→"快照管理器"命令，在弹出的"快照管理器"对话框中选择所拍摄的快照"初始系统"，然后单击【转到(G)】按钮，Workstation Pro 就会把虚拟机恢复到拍摄快照时的状态，如图 1-49 所示。

图 1-49　快照管理器

　　(5) 图 1-50 所示就是还原后的界面，可以发现在图 1-48 中创建的 test 文件夹不存在了，已经还原到最开始备份的"初始系统"状态了。

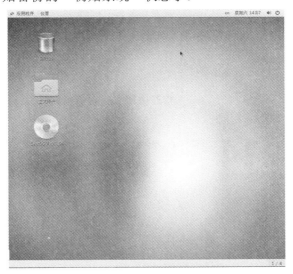

图 1-50　系统快照还原界面

1.4.2　克隆虚拟机

　　在后续的实验中，我们经常会使用到多台 Linux 虚拟机，而安装虚拟机操作系统和应用程序可能要耗费很多时间。但通过使用克隆，可以通过一次安装及配置过程制作很多虚拟机副本。克隆虚拟机比复制虚拟机更简单、更快速。

现有虚拟机被称为父虚拟机。克隆操作完成后，克隆会成为单独的虚拟机。对克隆所做的更改不会影响父虚拟机，对父虚拟机的更改也不会出现在克隆虚拟机中。克隆虚拟机的 MAC 地址和 UUID 不同于父虚拟机。

(1) 选择需要克隆的 Linux 虚拟机，此时 Linux 虚拟机必须是关机状态，选择菜单"虚拟机"→"管理"→"克隆"命令，如图 1-51 所示。

图 1-51　选择克隆虚拟机命令

(2) 在弹出的克隆虚拟机向导对话框中选择【下一步】按钮，如图 1-52 所示。

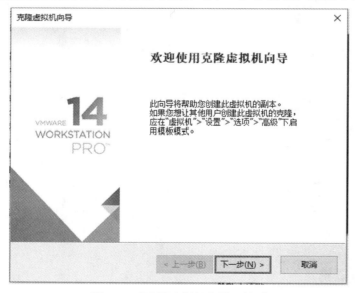

图 1-52　"克隆虚拟机向导"界面

(3) 选择克隆源克隆自"虚拟机中的当前状态"选项，单击【下一步】按钮，如图 1-53所示。

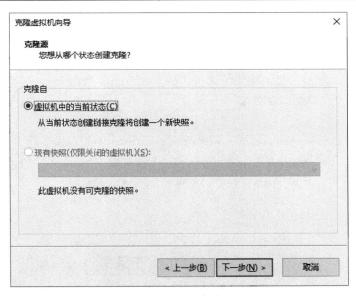

图 1-53　选择克隆源

(4) 在弹出的克隆类型对话框中选择"创建完整克隆(F)"选项，单击【下一步】按钮，如图 1-54 所示。

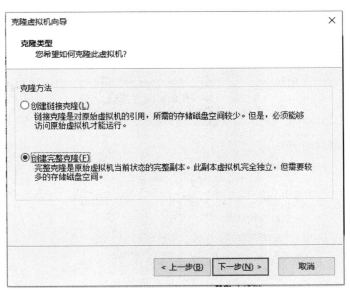

图 1-54　选择克隆类型

注：克隆方法有"链接克隆""完整克隆"两种：

① 链接克隆：链接克隆是实时与父虚拟机共享虚拟磁盘的虚拟机副本。

② 完整克隆：完整克隆是虚拟机的完整独立副本。克隆后，它不会与父虚拟机共享任何数据。对完整克隆执行的操作完全独立于父虚拟机。

(5) 在弹出的新虚拟机名称对话框中输入虚拟机的名称和文件保存位置，如图 1-55 所示。

图 1-55　新虚拟机名称

此时，系统将花 1 分钟左右的时间进行克隆，如图 1-56 所示。

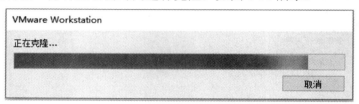

图 1-56　开始克隆虚拟机

(6) 克隆完成之后单击【关闭】按钮，完成虚拟机克隆，如图 1-57 所示。

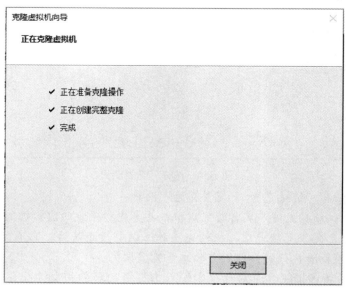

图 1-57　克隆完成

此时，我们会发现在 Workstation Pro 主界面的右侧窗格中多出了一个克隆虚拟机，克隆出来的虚拟机硬件与软件配置跟父虚拟机一致，如图 1-58 所示。

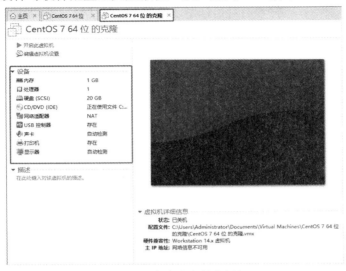

图 1-58　克隆出来的虚拟机

1.4.3　虚拟机文件

我们在实训室做实验时，如果时间不够无法完成，此时我们如何把当前的虚拟机文件转移到自己的电脑上去呢？其实很简单，我们只需要把虚拟机文件通过移动硬盘等工具拷贝到自己的电脑上，然后通过打开虚拟机的方式运行虚拟机，我们就可以接着把实验做完了。

我们在创建虚拟机时，Workstation Pro 会专门为虚拟机创建一组文件。这些虚拟机文件存储在虚拟机目录或工作目录中。这两种目录通常都在主机系统上，在配置文件里就可以查看到虚拟机文件所保存的位置，如图 1-59 所示。

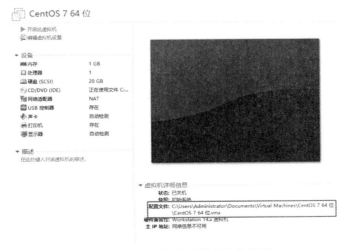

图 1-59　查看虚拟机文件保存的位置

　　找到虚拟机文件保存的目录"CentOS 7 64 位",如图 1-60 所示。把整个目录及里面的内容一并拷贝到自己的主机上,然后在 Workstation Pro 主界面的主页标签中选择"打开虚拟机",如图 1-61 所示。在打开的对话框中选择虚拟机文件目录中的 vmx 文件,单击【打开】按钮即可打开虚拟机,如图 1-62 所示。

图 1-60　虚拟机文件保存的目录

图 1-61　打开虚拟机

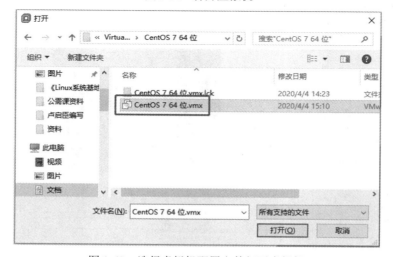

图 1-62　选择虚拟机配置文件打开虚拟机

实训　Linux 操作系统的安装与启动、快照备份与恢复

1. 实训目的

(1) 掌握虚拟机(VMware Workstation)的安装及使用方法。

(2) 掌握在虚拟机中安装 Linux 操作系统的方法。

(3) 掌握 RHEL 7、CentOS 7 操作系统的安装与启动方法。

(4) 掌握在虚拟机中备份与恢复操作系统的方法。

2. 实训内容

(1) 将 Linux 系统安装在一个物理容量比较充裕的非系统盘中。

(2) 设置 Linux 虚拟机磁盘大小为 20 GB。

(3) 设置 Linux 虚拟机内存大小为 1 GB，如果主机的物理内存比较大，可以相应增加虚拟机内存的大小，以提高虚拟机的运行速度。

(4) 设置 Linux 虚拟机的网络模式为 NAT 模式。

(5) Linux 操作系统安装完成之后，通过 shell 终端更改系统的运行级别。

(6) 通过快照对 Linux 系统进行备份与恢复实验。

3. 实训要求

(1) 按题目要求写出相应的命令("文字+截图"方式)。

(2) 总结实训心得和体会。

练　习　题

一、填空题

1. Linux 操作系统是一个基于 POSIX 和 Unix 的＿＿＿＿＿＿、＿＿＿＿＿＿、＿＿＿＿＿＿和＿＿＿＿＿＿的操作系统。

2. Linux 体系可以简单地分为 3 个层次：＿＿＿＿＿＿、＿＿＿＿＿＿、＿＿＿＿＿＿。

3. Linux 的版本分为＿＿＿＿＿＿和＿＿＿＿＿＿两种，我们通常所说的 Linux 系统是免费的操作系统，通常指的是 Linux 的内核免费。

4. Linux 内核的版本号命名是有一定规则的，内核版本号由 3 个数字组成：$x.y.z$，其格式通常为"＿＿＿＿＿＿.＿＿＿＿＿＿.＿＿＿＿＿＿"。

5. 在 VMware Workstation 14 Pro 虚拟机中安装 Linux 操作系统，前提是先创建＿＿＿＿＿。

二、选择题

1. Linux 最早是由计算机爱好者(　　)开发的。

A. Richard Petersen　　　B. Linus Torvalds　　　C. Rob Pick　　　D. Linux Sarwar

2. 下列选项中(　　)是自由软件。

A. WIN7　　　　　　　　B. Unix　　　　　　　　C. Linux　　　　　D. Windows 2008

3. 下列选项中( )不是 Linux 的特点。

A. 多任务　　　　B. 单用户　　　　　C. 设备独立性　　　D. 开放性

4. Linux 的内核版本 2.3.20 是( )的版本。

A. 不稳定　　　　B. 稳定　　　　　　C. 第三次修订　　　D. 第二次修订

5. Linux 系统各部分的组成中，( )是基础。

A. 内核　　　　　B. X Window　　　C. shell　　　　　D. Gnome

项目二　Linux 基本命令操作

 项目内容

本项目主要讲解 Linux 操作系统基本命令的操作，包括 Linux 命令提示符、Linux 通用命令格式、常见的辅助操作、Linux 文件系统目录结构、绝对路径和相对路径，通过案例讲述如何查看命令的帮助信息，以及 Linux 各种命令的使用方法。

 思维导图

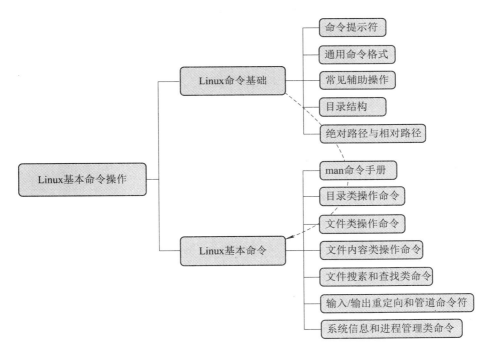

 能力目标和要求

(1) 理解 Linux 命令基础。
(2) 掌握如何查看命令的帮助信息。

(3) 重点掌握目录类命令的使用方法。

(4) 重点掌握文件类命令的使用方法。

(5) 重点掌握文件内容类命令的使用方法。

(6) 掌握文件搜索和查找类命令的使用方法。

(7) 掌握输入/输出重定向和管道命令符的使用方法。

(8) 掌握系统信息和进程管理类命令的使用方法。

任务 2.1　Linux 命令基础

Linux 初学者开始学习命令的时候，总是摸不着头脑，觉得要记住一大堆命令很烦琐，使用起来没有 Windows 图形界面方便，这是因为初学者在一开始学习的时候没有了解并掌握命令的基础，只要掌握了 Linux 系统的命令基础，在后面学习命令使用的时候就可以事半功倍了。

2.1.1　命令提示符

如果我们使用 root 账号登录 Linux 系统，则打开终端所出现的第一行内容就是命令提示符，它的格式是：

[当前用户名@短主机名当前目录]提示符

例如：

[root@centos7 ~]#

命令提示符各部分的含义如表 2-1 所示。

表 2-1　命令提示符各部分的含义

符　号	含　义
[ ]	提示符分隔符号，没有特殊含义
root	表示当前登录的用户，这里表示现在使用的是 root 超级用户登录
@	分隔符号，没有特殊含义
centos7	表示当前系统的短主机名，而完整主机名一般是 localhost.localdomain
~	代表用户当前所在的目录为家目录(home 目录)。此位置代表当前工作目录。如果我们切换到相应的目录，这里就会显示用户当前所在的目录名。比如，切换到/etc/systemd/目录时，命令提示符变成[root@centos7systemd]#
#	命令提示符，Linux 用这个符号标识登录的用户权限等级。如果是超级用户，则提示符就是#；如果是普通用户，则提示符就是$

注：家目录(又称主目录)是什么？Linux 系统是纯字符界面，用户登录后，要有一个初始登录的位置，这个初始登录的位置就称为用户的家目录。

超级用户的家目录：/root。

普通用户的家目录：/home/用户名。

用户在自己的家目录中拥有完整权限，所以建议操作实验可以放在家目录中进行。

Linux 系统提示符是用环境变量 PS1 来定义的，只要按规则修改 PS1 环境变量的值，我们就可以为自己定制个性化的命令提示符。在定制命令提示符之前，我们先来了解 PS1 各配置项的含义。PS1 的配置项如表 2-2 所示。

表 2-2　PS1 的配置项

配置项	含　义
\d	代表日期，格式为 weekday month date，如"Mon Aug 1"
\H	完整的主机名称。假如计算机名称为 centos 7.Linux，则这个名称就是 centos 7.Linux
\h	仅取主机的第一个名字，如上例，则为 centos 7，".Linux"被省略
\t	显示时间为 24 小时格式，格式为 HH：MM：SS
\T	显示时间为 12 小时格式
\A	显示时间为 24 小时格式，格式为 HH：MM
\u	当前用户的账号名称
\v	BASH 的版本信息
\w	完整的工作目录名称，家目录会以"~"代替
\W	利用 basename 取得工作目录名称，只会列出最后一个目录
\#	下达的第几个命令
\$	提示字符。如果是 root 用户，则提示符为"#"；如果是普通用户，则提示符为"$"

获取当前 PS1 值，查看系统默认 PS1 设置哪些配置项，命令格式如下：

```
[root@CENTOS7 ~]# echo $PS1          \\获取当前 PS1 值
[\u@\h \W]\$                          \\当前 PS1 设置的配置项
```

可以看到，当前 PS1 的配置项为\u、\h、\W，此命令提示符显示当前用户名、短主机名以及当前目录。

更改 PS1 的值一般有两种方式：一种是临时更改，更改之后立即改变命令提示符的内容；另一种是永久更改，更改之后重启系统改变命令提示符的内容，并且在以后使用系统过程中保持不变。

临时更改 PS1 值的命令格式如下：

```
[root@centos7 ~]# exportPS1='[\u@\H \w \t]\$'      \\临时更改 PS1 的值
[root@centos7.Linux ~ 22:53:12]#                   \\更改 PS1 值之后命令提示符
```

由于当前在家目录，所以在命令提示符中，家目录以"~"来表示。切换到其他目录，命令如下：

```
[root@centos7.Linux ~ 22:53:12]#cd /etc/systemd/   \\切换目录
[root@centos7.Linux /etc/systemd 22:54:51]#echo $PS1
[\u@\H \w \t]\$                                     \\当前 PS1 设置的配置项
```

可以看到，命令提示符的内容已经更改成显示完整的主机名、完整的工作目录、时间。但要注意，如果系统重启或终端关闭再打开，则前面临时更改的 PS1 值就会失效。

如果我们想更改之后的 PS1 值一直有效，则可以往"~/.bashrc"文件的末行追加 PS1 的赋值语句。命令格式如下：

```
[root@CENTOS7 ~]# echo "PS1='[\u@\H \t \w]\\$'">>~/.bashrc
                                          \\往"~/.bashrc"文件末尾追加 PS1 值
```

2.1.2　通用命令格式

Linux 操作系统有一套通用的命令格式，在配置 Linux 服务器时，所使用的大量命令都要遵循这种命令格式。

Linux 命令的通用命令格式如下：

Linux 通用命令格式

```
命令字   [选项]  [参数]
```

选项及参数的含义如下：

选项：用于调节命令的具体功能，指定命令的运行特性，指明要运行命令中的哪一部分功能代码。(注意：有些命令没有选项。)

选项有以下两种表现形式：

(1) 短选项：以"-"引导短选项(-为减号，下同)，短选项为单个字符，如-1、-d。如果同一命令同时使用多个短选项，则多数可合并，如-1 -d=-ld。

(2) 长选项：以"--"引导长选项，长选项为多个字符(一般是单词)，如--help、--human、--readable，长选项不能合并。

注：有些选项可以带参数，称为选项参数；短选项的参数用空格分隔，长选项的参数用=连接。

参数：是命令作用的对象，如文件、目录名等。不同的命令有不同的参数，有些命令可同时带多个参数，多个参数之间以空白字符分隔。例如：

```
ls -ld  /var  /etc              \\以长格式列出/var、/etc 两个目录本身的信息
```

2.1.3　常见辅助操作

使用命令配置 Linux 服务时，为了提高命令输入的效率及正确率，我们经常会使用到一些辅助操作。表 2-3 是一些常见的辅助操作。

命令字的辅助操作

表 2-3　常见的辅助操作

序号	辅助操作	功　　能
1	Tab 键	自动补齐命令或路径
2	向上方向键"↑"(Ctrl+p)	显示上一条历史命令
3	向下方向键"↓"(Ctrl+n)	显示下一条历史命令
4	向左方向键"←"(Ctrl+f)	光标向前移动一个字符
5	向左方向键"→"(Ctrl+b)	光标向后移动一个字符
6	Ctrl+a	移动到当前行的开头
7	Ctrl+e	移动到当前行的结尾

续表

序号	辅助操作	功 能
8	Ctrl+u	剪切命令行中光标所在处之前的所有字符(不包括自身)
9	Ctrl+k	剪切命令行中光标所在处之后的所有字符(包括自身)
10	Ctrl+l	清屏
11	Ctrl+d	删除光标所在处字符
12	Ctrl+h	删除光标所在处前一个字符
13	Ctrl+y	粘贴刚才所删除的字符
14	Ctrl+c	删除整行
15	Ctrl+x+u	按住 Ctrl 的同时先后按 x 和 u，撤销刚才的操作
16	Ctrl+s	挂起当前 shell
17	Ctrl+q	重新启用挂起的 shell
18	Ctrl+c	取消本次命令编辑
19	反斜杠 "\"	强制换行

在命令行中，可以使用 Tab 键来自动补齐命令或路径，即可以只输入命令的前几个字符，然后按 Tab 键，系统将根据输入的字符自动匹配，然后自动补齐命令或路径。若命令或路径不止一个匹配，则显示出所有与输入字符相匹配的命令或路径。例如，我们要输入命令 history，在命令提示符输入"hi"两个字符之后，由于在当前环境下，以前两个字符 hi 开头的命令只有 history 命令，这时我们只需要按下 Tab 键，系统将自动补全命令为"history"；如果在命令提示符中只输入"h"，然后按 Tab 键，则由于以 h 开头的命令有多个，此时系统会发出一声警报，再次按 Tab 键后，系统将显示所有以"h"开头的命令。例如：

```
[root@centos7 ~]# hi              \\此时按 1 次 Tab 键，系统将会把 hi 自动补齐为 history
[root@centos7 ~]# history         \\自动补齐命令
[root@centos7 ~]# h               \\此时按 2 次 Tab 键，系统列出以 h 开头的命令
h2ph            hciattach       head        hostid             hwclock
halt            hciconfig       help        hostname           hypervfcopyd
handle-sshpw    hcidump         hex2hcd     hostnamectl        hypervkvpd
hangul          hcitool         hexdump     hpcups-update-ppds hypervvssd
hardlink        hdmv_test       history     hpijs
hash            hdsploader      host        hunspell
[root@centos7 ~]# cd /etc/sysco   \\此时按 1 次 Tab 键，自动补齐路径 sysconfig
[root@centos7 ~]# cd /etc/sysconfig/   \\自动补齐路径
[root@centos7 ~]# cd /etc/sysc    \\此时按 2 次 Tab 键，系统列出以 sysc 开头的目录
sysconfig/         sysctl.d/
```

技巧：如果我们在输入命令或路径的前几个字符的时候，按 1 次 Tab 键，系统不自动补齐，按 2 次 Tab 键，系统也不会列出命令或目录，则输入的命令或路径的前几个字符一定是出错了。

2.1.4　Linux 文件系统目录结构

　　Linux 文件系统采用带链接的树型目录结构，即只有一个根目录(通常用正斜杠 "/" 表示)，根目录下面包含各个子目录和文件，各子目录中又可包含其下级的子目录和文件，类似于一棵倒立的树，一级一级地延伸下去，一直到树叶为止，如图 2-1 所示。

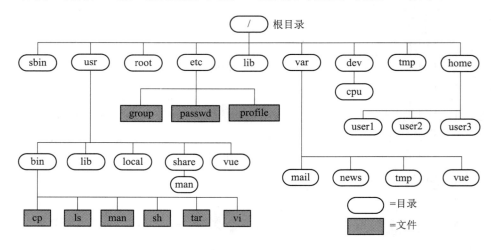

图 2-1　Linux 树型目录结构

　　在安装 Linux 操作系统时，系统会建立一些默认的目录，每个目录都有其特殊的功能。Linux 的哲学思想是一切皆文件，几乎把所有资源(包括硬件设备、通信接口等)统统抽象为文件形式，甚至目录也是一种特殊的文件。表 2-4 列举了部分常见目录的功能简介。

表 2-4　Linux 部分常见目录的功能简介

目　录	说　　明
/	Linux 系统的根目录
/sbin	存放系统管理程序的目录
/usr	Unix Software Resource 的缩写，是操作系统软件资源所默认放置的目录
/root	系统管理员(root)的家目录
/etc	存放系统配置文件的目录
/lib	存放必要运行库的目录
/var	存放系统运行时各种变化的文件
/dev	存放硬件与接口设备文件的目录
/tmp	临时文件的存放位置，具有可供所有用户执行写入操作的特有权限
/home	系统默认的普通用户的家目录
/mnt	各项设备的文件系统挂载点(mount)
/proc	存放存储进程和系统信息的目录
/bin	存放必要命令的目录

2.1.5 绝对路径与相对路径

Linux 系统中，一个文件(目录)的路径指的就是该文件(目录)存放的位置。文件是存放在目录中的，而目录又可以存放在其他目录中，因此，用户(或程序)可以借助文件名和目录名从文件树中的任何地方开始，搜寻并定位所需的目录或文件。

指明一个文件(目录)存放的位置有两种方法，分别是绝对路径和相对路径。

绝对路径是指由根目录"/"开始的路径，而且一定是从根目录"/"开始写起，到指定对象(目录或文件)所必须经过的每个目录的名字，它是文件位置的完整路径，因此，任何情况下都可以使用绝对路径找到所需的文件，比如，/etc/yum/vars/。

相对路径不从根目录"/"开始写起，也就不以正斜线"/"开始，而是从当前所在目录开始写起，到查找对象(目录或文件)所必须经过的每一个目录的名字。我们在使用相对路径表明某个文件的存储位置时，经常会使用到两个特殊目录，即当前目录(用"."表示)和父目录(用".."表示)。比如，假设当前处在如图 2-1 所示的 usr 目录，表示 local 目录的相对路径是 ./local，详细案例参考 cd 命令。

任务 2.2 Linux 基本命令

2.2.1 man 命令手册

Linux 系统的命令非常多，各命令的选项与参数更是数不胜数，因此，我们很难记住命令的所有选项和参数。很多人在使用命令时经常忘了其如何使用，而我们通过 man 命令就可以得到关于该命令的帮助信息。当我们学会使用 man 文档时，将大大提升使用命令的能力。

1. man 命令手册的章节

man 命令手册将各类命令的帮助信息分为 9 个章节，如表 2-5 所示。默认情况下，系统会在第 1 章节进行查找。

表 2-5　man 命令手册的 9 个章节

章节代码	功　　能
1	标准用户命令
2	系统调用
3	库调用
4	特殊文件(设备文件)的访问入口(/dev)
5	文件格式(配置文件的语法)，指定程序的运行特性
6	游戏(Game)
7	杂项
8	系统管理命令
9	跟内核(kernel)有关的文件

我们可以使用 whatis 命令查询一个命令是执行什么功能的,并在 man 命令手册的那一个章节可以查找到相关的帮助信息。例如:

```
[root@centos7 ~]# whatis ls
ls (1)                  - 列目录内容                \\ls 功能及命令手册所属章节 1
ls (1p)                 - list directory contents
```

可以看到,ls 命令的功能是列目录内容,它可以在第 1 章节查找到相关帮助信息,因此,我们可以使用 man 1 ls(1 是数字 1)来查看 ls 的命令手册。由于系统会默认在第 1 章节查找,所以我们也可以直接使用 man ls 来查看 ls 的命令手册。例如:

```
[root@centos7 ~]# man 1 ls              \\查询 ls 的命令手册
[root@centos7 ~]# man ls                \\等同于 man 1 ls 命令
```

如果某一个命令在多个章节都有命令手册,则我们只要更换中间的数字代码,就可以在相应的章节中查询到相应的命令手册。例如:

```
[root@centos7 ~]# whatis read                      \\查询 read 命令的功能
read (1)        - GNU Bourne-Again SHell (GNU 命令解释程序"Bourne 二世")
read (3tcl)     - 从一个通道读                      \\read 功能及命令手册所属章节 3
read (2)        - 在文件描述符上执行读操作          \\read 功能及命令手册所属章节 2
read (1p)       - read a line from standard input   \\read 功能及命令手册所属章节 1
read (3p)       - read from a file
[root@centos7 ~]# man read                         \\查询 read 第 1 章节命令手册
[root@centos7 ~]# man 2 read                        \\查询 read 第 2 章节命令手册
[root@centos7 ~]# man 3p read                       \\查询 read 第 3 章节命令手册
```

2. man 命令手册的格式

使用 man 命令查询时,命令手册是以交互对话的方式显示的。为了便于理解,命令手册都具有一定的格式。部分 man 命令格式如表 2-6 所示。

表 2-6   man 命令手册的格式

部 分	解 释
NAME	命令名称及功能简要说明
SYNOPSIS	用法说明,包括可用的选项
DESCRIPTION	命令功能的详细说明,可能包括每一个选项的意义
OPTIONS	说明每一项的意义
FILES	此命令相关的配置文件
REPORTING BUGS	报告 bug 的链接
EXAMPLES	使用示例
AUTHOR	命令的作者
SEE ALSO	更多参照
COPYRIGHT	版权

3. man 命令手册的使用方法

man 命令手册是以交互的方法显示，其使用方法如表 2-7 所示。

表 2-7　man 命令手册的操作按键

按　　键	功　　能
↓(方向键)、Enter(回车键)	向后翻 1 行
↑(方向键)、k	向前翻 1 行
space(空格键)、Page Up	向后翻 1 页
b、Page Down	向前翻 1 页
/关键字、?关键字	向后查找关键字，按 n 查找下一个，按 N 查找前一个
q、Q	退出阅读环境

2.2.2　目录类操作命令

1. pwd 命令

命令格式：pwd

命令功能：显示用户当前所处的工作目录，如果用户不清楚当前所处
的目录位置，就可使用此命令。

目录类操作命令

例如：

```
[root@centos7 network-scripts]# pwd
/etc/sysconfig/network-scripts
```

2. cd 命令

命令格式：cd　[路径]

命令功能：用于从当前目录切换到指定的目录。其中路径可以是绝对路径，也可以是
相对路径，在使用相对路径时经常使用当前目录(用"."表示)和父目录(用".."表示)这两
个特殊目录。图 2-2 所示为树型目录结构图。

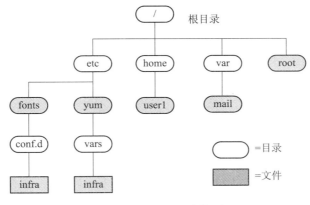

图 2-2　树型目录结构图

例如：

```
    [root@centos7 yum]# pwd                  \\查看当前路径
    /etc/yum
    [root@centos7 yum]# cd ./vars            \\使用当前目录符号(.)以相对路径切换到下一级子目录
vars，从当前目录切换到其下一级子目录时，也可以把"./"符号去掉
    [root@centos7 vars]# cd ..               \\使用父目录符号(..)返回上一级目录
    [root@centos7 yum]# cd ../fonts/         \\使用相对路径切换到 fonts 目录
    [root@centos7 fonts]# cd conf.d/         \\使用相对路径切换到 conf.d 目录
    [root@centos7 conf.d]# cd ../../yum      \\使用相对路径切换回 yum 目录，在这里"../../"应当成一
个整体来看，表示当前目录的父目录，也就是 etc 目录
    [root@centos7 yum]# cd ../../home/user1/    \\使用相对路径切换到 user1 目录，user1 也是用户
名，需要用户自己创建，在创建用户时系统会自动在/home 目录下创建与用户名相同的家目录。因此，user1
目录是用户 user1 的家目录。而 root 超级用户的家目录是/root
    [root@centos7 user1]# cd ../../root/     \\使用相对路径切换到/root 家目录
    [root@centos7 ~]# pwd
    /root
    \\切换到家目录时，命令提示符里的目录名会变成"~"，这是因为在系统中以"~"代表家目录，
因此，在任何情况下都可以直接以"~"切换回用户的家目录。也可以输入 cd 命令时不带任务参数，也
会直接切换回用户的家目录
    [root@centos7 yum]# cd ~                 \\当前位置在/etc/yum，使用"~"直接切换回 root 用户的
家目录/root
    [root@centos7 ~]# pwd
    /root
    [root@centos7 ~]# su user1              \\切换到 user1 用户
    [user1@centos7 root]$ pwd
    /root
    [user1@centos7 root]$ cd               \\cd 不带任何参数直接切换到 user1 用户的家目录
    [user1@centos7 ~]$ pwd
    /home/user1
    [user1@centos7 ~]$ exit                \\退出 user1 用户
    exit
    [root@centos7 ~]# cd /etc/yum          \\使用绝对路径切换到 yum 目录，在使用绝对路径时要注
意，绝对路径永远以"/"开头，并且第一个"/"代表的是根目录，其余的"/"表示目录之间的分隔符
    [root@centos7 yum]# cd /etc/yum/vars/     \\使用绝对路径切换到 vars 目录
    [root@centos7 vars]# cd /etc/fonts/       \\使用绝对路径切换到 fonts 目录
    [root@centos7 fonts]# cd /etc/fonts/conf.d/    \\使用绝对路径切换到 conf.d 目录
    [root@centos7 conf.d]# cd /home/user1/    \\使用绝对路径切换到 user1 目录
    [root@centos7 user1]# cd /root           \\使用绝对路径切换到 root 目录
    [root@centos7 ~]#
```

3. ls 命令

命令格式：ls　[选项]　[文件或路径]

命令功能：用于显示文件目录列表。当不加参数时，默认列出当前目录非隐藏的列表信息。

ls 命令常用选项如表 2-8 所示。

表 2-8　ls 命令常用选项

选　项	功　　能
-a	--all 的缩写，显示所有的文件，包括隐藏文件(以"."开头的文件)
-A	--almost-all 的缩写，显示所有的文件，包括隐藏文件，但不包括表示当前目录"."和父目录".."这两个目录
-l	列出长数据串，显示出文件的属性与权限等数据信息(常用)
-d	--directory 的缩写，仅列出目录本身，而不是列出目录里的内容列表，一般结合"-l"选项一起使用
-i	结合-l 选项，列出每个文件的索引结点(inode)
-c	和-lt 一起使用显示列表并且以 ctime(文件状态最后改变时间)排序。和-l 一起使用显示 ctime 并且以文件名排序。其他情况，以 ctime 排序
-f	直接列出结果，不进行排序(ls 默认会以文件名排序)
-h	将文件内容大小以 GB、KB 等易读的方式显示
-r	--reverse 的缩写，将排序结果以倒序方式显示
-S	以文件大小排序
-t	以修改时间排序
--help	显示帮助信息

例如：

```
[root@centos7 ~]# ls                    \\列出"/root"目录中的信息，不包括隐藏文件
anaconda-ks.cfg  initial-setup-ks.cfg  公共  模板  视频  图片  文档  下载  音乐  桌面
[root@centos7 ~]# ls -a /home/user1/    \\列出所有文件，包括隐藏文件
.  ..  .bash_history  .bash_logout  .bash_profile  .bashrc  .cache  .config  .mozilla
[root@centos7 ~]# ls -l /home           \\以长数据列表形式显示目录里的内容，ls -l 也可使用 ll
别名来代替
总用量 4
drwx------. 14 test   test   4096 4 月    4 10:15 test
drwx------.  5 user1 user1   128 4 月   12 00:50 user1
[root@centos7 ~]# ls -clt               \\显示列表并且以 ctime 排序
总用量 8
drwxr-xr-x. 2 root root    53 4 月    4 09:53 图片
drwxr-xr-x. 2 root root     6 4 月    4 09:43 公共
drwxr-xr-x. 2 root root     6 4 月    4 09:43 模板
...(省略部分)
```

```
centos7 ~]# ls -ld /home/                    \\仅列出/home 目录本身，不列出目录里面的内容
drwxr-xr-x. 4 root root 31 4 月    11 18:29 /home/
```

4. mkdir 命令

命令格式：mkdir　[选项]　[目录名称]

命令功能：mkdir 是 make directories 的缩写，用于在指定位置创建目录，要求创建目录的用户在当前目录中具有写权限，并且指定位置的目录名不可重名，目录名区分大小写。可同时创建多个目录，目录之间用空格隔开。

mkdir 命令常用选项如表 2-9 所示。

表 2-9　mkdir 命令常用选项

选　项	功　　能
-m	--mode 的缩写，设定创建目录的权限
-p	创建多级目录，-p 选项后面可以跟一个路径，若这个路径中间有不存在的目录则系统自动创建不存在的目录
-v	每次创建新目录都显示提示信息
--help	显示帮助信息并退出

例如：

```
[root@centos7 ~]# mkdir dir1                    \\在当前目录创建空目录 dir1
[root@centos7 ~]# mkdir -p dir2/subdir3            \\在当前目录创建多级目录，在创建 subdir3 的
时候，系统会判断它的父目录 dir2 是否存在，若不存在，则系统会先创建 dir2 目录，然后再创建 subdir3
目录
[root@centos7 ~]# mkdir -m 777 dir4            \\创建权限是 777 的目录 dir4
[root@centos7 ~]# ll -d dir4
drwxrwxrwx. 2 root root 6 4 月    13 02:06 dir4
[root@centos7 ~]# mkdir -v dir5                \\创建目录时出现提示信息
mkdir: 已创建目录 "dir5"
[root@centos7 ~]# mkdir dir6 dir7 /tmp/dir8        \\在当前目录同时创建 dir6、dir7 以及同时在
/tmp 目录创建 dir8
[root@localhost ~]# mkdir -pv /tmp/x/{y1/{a,b},y2} \\使用命令行展开方式在/tmp 目录下创建
/tmp/x/y1、/tmp/x/y2、/tmp/x/y1/a、/tmp/x/y1/b
[root@localhost ~]# mkdir -pv /tmp/{a,b}_{c,d}     \\使用命令行展开方式在/tmp 目录下创建
a_c,a_d,b_c,b_d
[root@localhost ~]# mkdir -pv /tmp/mysysroot/{bin,sbin,etc/network/network-script,usr/{bin,sbin,
local/{bin,sbin,etc,lib},lib,lib64},var/{cache,log,run}}  \\使用命令行展开方式在/tmp 目录下创建多级目录
[root@localhost ~]# tree /tmp/mysysroot/        \\使用 tree 命令查看前面创建的多级目录，tree 命令
系统默认并未安装，在系统连网情况下，可使用 yum -y install tree 进行安装
/tmp/mysysroot/
```

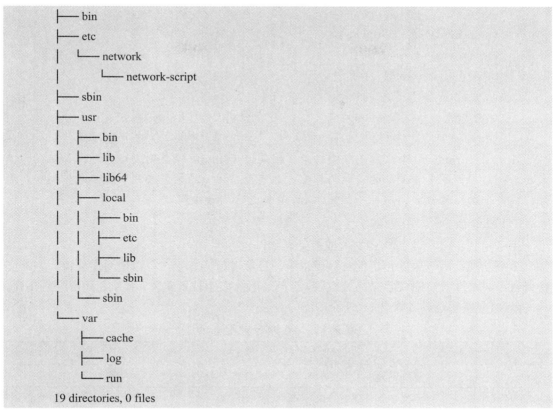

```
    ├── bin
    ├── etc
    │   └── network
    │       └── network-script
    ├── sbin
    ├── usr
    │   ├── bin
    │   ├── lib
    │   ├── lib64
    │   ├── local
    │   │   ├── bin
    │   │   ├── etc
    │   │   ├── lib
    │   │   └── sbin
    │   └── sbin
    └── var
        ├── cache
        ├── log
        └── run

19 directories, 0 files
```

注：在 Linux 中使用命令行展开方式是指将多个命令参数使用大括号{ }括起来，括号中的参数以逗号分隔，系统在执行这一命令时会自动将括号中的内容进行展开。通过命令行展开方式可一步完成需要分成多步完成的操作，达到事半功倍的效果。

5. rmdir 命令

命令格式：rmdir [选项] [目录名称]

命令功能：用于删除指定的空目录，删除目录时必须具有对父目录的写权限，可同时删除多个目录，目录之间用空格隔开。

rmdir 命令常用选项如表 2-10 所示。

表 2-10　rmdir 命令常用选项

选　项	功　　能
-p	递归删除空目录，当子目录删除后其父目录为空时，也一同被删除
-v	显示命令的详细执行过程
--help	显示帮助信息并退出

例如：

```
[root@centos7 ~]# rmdir dir1              \\删除当前目录下的空目录 dir1
[root@centos7 ~]# rmdir -p dir2/subdir3   \\递归删除空目录 subdir3 和 dir2
[root@centos7 ~]# rmdir -v dir5           \\显示删除过程
rmdir: 正在删除目录 "dir5"
```

```
[root@centos7 ~]# rmdir dir6 dir7 /tmp/dir8    \\同时删除目录 dir6、dir7、
[root@centos7 ~]# mkdir -p dir1/dir2           \\创建多级目录
[root@centos7 ~]# rmdir dir1                   \\删除 dir1 目录，由于 dir1 目录下有子目录 dir2,
dir1 目录为非空，因此删除失败
    rmdir: 删除 "dir1" 失败: 目录非空
[root@centos7 ~]# rmdir dir1/dir2             \\删除 dir1 下的子目录 dir2
[root@centos7 ~]# rmdir dir1        \\删除 dir1 目录，由于此时 dir1 目录为空目录，因此删除成功
```

注：由于 rmdir 命令只能删除空目录，因此使用 rmdir 命令删除目录时，如果提示不成功，一般原因就是要删除的目录为非空。只有清空该目录才能使用 rmdir 进行删除。因此，该命令局限性较大，所以一般使用 rm 命令进行删除操作。

6. rm 命令

命令格式：rm　[选项]　[文件或目录名称]

命令功能：用于删除指定的文件或目录，目录可以为非空，可以使用通配符，删除文件或目录时必须具有对父目录的写权限，可同时删除多个位置对象，对象之间用空格隔开。

rm 命令常用选项如表 2-11 所示。

表 2-11　rm 命令常用选项

选　项	功　能
-f	强制删除不出现提示
-i	删除之前必须先确认
-r/R	递归删除目录，同时删除该目录下的所有子目录
*/?	使用通配符
--help	显示帮助信息并退出

例如：

```
[root@centos7 ~]# ls                        \\查看当前目录下的内容
anaconda-ks.cfg    dir3      file2.txt              公共  视频  文档  音乐
dir1               file1.txt  initial-setup-ks.cfg  模板  图片  下载  桌面
[root@centos7 ~]# rm file1.txt              \\删除 file1.txt 文件
rm: 是否删除普通空文件 "file1.txt"? y       \\出现提示，输入"y"回车删除
[root@centos7 ~]# rm -f file2.txt           \\加入"-f"选项强制删除不出现提示
[root@centos7 ~]# ls dir1                   \\查看 dir1 目录下内容
dir2   file1.txt                            \\dir1 目录下有文件和目录
[root@centos7 ~]# rm dir1                   \\删除 dir1 目录
rm: 无法删除"dir1": 是一个目录               \\不加选项，无法删除
[root@centos7 ~]# rm -rf dir1  \\加入"-rf"选项，删除 dir1 目录及其目录下的所有文件和子目录
[root@centos7 ~]# ls dir3                   \\查看 dir3 目录下内容
subdir3   test1.txt   test2.txt
[root@centos7 ~]# rm -fr dir3/*  \\删除 dir3 目录下的所有文件及子目录，但不删除 dir3 目录本身
```

2.2.3　文件类操作命令

1. touch 命令

命令格式：touch　[选项]　[文件名]

命令功能：用于创建空白文件，或对当前文件的时间戳进行修改。

文件类操作命令(1)

touch 命令常用选项如表 2-12 所示。

表 2-12　touch 命令常用选项

选　　项	功　　能
无选项	若文件不存在，则创建新的空文件，access time、modify time、change time 均为当前时间；若文件存在，则将这三个时间戳均修改为当前时间 注：access time：表示最后一次访问(仅仅是访问，没有改动)文件的时间 　　modify time：表示最后一次修改文件的时间 　　change time：表示最后一次对文件属性改变的时间，包括权限、大小、属性等
-a	改变文件的 access time 时间戳
-m	改变文件的 modify time 时间戳
-c	假如文件不存在，则不会创建新的文件，只修改时间

例如：

```
[root@centos7 tmp]# ls                    \\查看/tmp 目录下内容，为了便于演示，已经提前
把/tmp 目录下的内容清空
[root@centos7 tmp]# touch test1.txt        \\创建空白文件 test1.txt
[root@centos7 tmp]# ls

test1.txt

[root@centos7 tmp]# touch test{2..10}.txt   \\创建多个空白文件

[root@centos7 tmp]# ls

test10.txt   test2.txt   test4.txt   test6.txt   test8.txt

test1.txt    test3.txt   test5.txt   test7.txt   test9.txt

[root@centos7 tmp]# stat test1.txt         \\查看 test1.txt 文件信息

文件："test1.txt"

大小：0           块：0          IO 块：4096    普通空文件

设备：fd00h/64768d    Inode：16777289    硬链接：1

权限：(0644/-rw-r--r--)  Uid：(   0/   root)  Gid：(   0/   root)

环境：unconfined_u:object_r:user_tmp_t:s0

最近访问：2020-04-15 01:39:01.764970999 +0800

最近更改：2020-04-15 01:39:01.764970999 +0800

最近改动：2020-04-15 01:39:01.764970999 +0800

创建时间：-

[root@centos7 tmp]# touch test1.txt        \\修改已存在文件 test1.txt 的时间戳

[root@centos7 tmp]# stat test1.txt
```

文件："test1.txt"
大小：0　　　　　　　　块：0　　　　　IO 块：4096　　普通空文件
设备：fd00h/64768d　　Inode：16777289　　硬链接：1
权限：(0644/-rw-r--r--)　Uid：(　　0/　　root)　Gid：(　　0/　　root)
环境：unconfined_u:object_r:user_tmp_t:s0
最近访问：2020-04-15 **01:40:07.**519969596 +0800
最近更改：2020-04-15 **01:40:07.**519969596 +0800
最近改动：2020-04-15 **01:40:07.**519969596 +0800
创建时间：-
[root@centos7 tmp]#

2. cp 命令

命令格式：cp　[选项]　源文件目标文件

命令功能：用于复制文件或目录。表示文件的路径可以是绝对路径，也可以是相对路径。

cp 命令常用选项如表 2-13 所示。

表 2-13　cp 命令常用选项

选　　项	功　　能
-a	等于"dpR"选项组合，在复制目录时保留链接、文件属性并复制目录下的所有内容
-b	覆盖已存在的目标文件前将目标文件备份
-d	复制时保留符号链接
-f	强行复制文件或目录，覆盖已经存在的目标文件而不给出提示
-i	与-f选项相反，在覆盖目标文件之前给出提示，要求用户确认是否覆盖
-p	复制文件时保留源文件或目录的属性
-r/R	递归复制目录，即复制该目录及其所有的子目录和文件
-s	对源文件建立符号连接，而非复制文件

例如：

```
[root@centos7 tmp]# ll                         \\查看/tmp 目录内容
总用量 0
drwxr-xr-x. 2 root root 6 4 月　 15 02:27 dir1
lrwxrwxrwx. 1 root root 9 4 月　 15 02:27 linktest1.txt -> test1.txt
-rw-r--r--. 1 root root 0 4 月　 15 02:26 test1.txt
-rwxrwxrwx. 1 root root 0 4 月　 15 02:28 test2.txt
[root@centos7 tmp]# cp test1.txt dir1          \\复制 test1.txt 文件到 dir1 目录下
[root@centos7 tmp]# ls dir1                     \\查看 dir1 目录，复制成功
test1.txt
[root@centos7 tmp]# cp -b test1.txt dir1        \\覆盖目标文件前先备份
cp：是否覆盖"dir1/test1.txt"? y
```

```
[root@centos7 tmp]# ls dir1/                      \\备份文件 test1.txt~
test1.txt    test1.txt~
[root@centos7 tmp]# cp -d linktest1.txt test4.txt    \\复制链接文件 linktest1.txt 文件为 test4.txt，
如果不加-d 选项，则将复制成普通文件
[root@centos7 tmp]# cp -p test2.txt test6.txt       \\复制 test2.txt 文件成 test6.txt 文件，并保留
test2.txt 源文件的属性
[root@centos7 tmp]# cp -r dir1 dir2                \\复制目录必须加-r 选项
[root@centos7 tmp]# cp -s test1.txt test7.txt       \\建立 test1.txt 的链接文件 test7.txt，类似
Windows 系统里的快捷方式
[root@centos7 tmp]#
```

3. mv 命令

命令格式：mv [选项] 源文件 | 目录目标文件 | 目录

命令功能：用于重命名或者移动文件或目录，当在同目录中对文件或目录进行 mv 操作时，就相当于重命名，当目标是目录时，mv 操作就是移动文件或目录。

文件类操作命令(2)

mv 命令常用选项如表 2-14 所示。

表 2-14　mv 命令常用选项

选　　项	功　　能
-b	若需覆盖文件，则覆盖前先行备份
-f	如果目标文件已经存在，则不会询问而直接覆盖
-i	若目标文件已经存在，则会询问是否覆盖

例如：

```
[root@centos7 tmp]# ls                           \\查看/tmp 目录内容
dir1    test1.txt    test2.txt    test3.txt    test4.txt
[root@centos7 tmp]# mv test1.txt test1.log         \\重命名 test1.txt 文件为 test1.log
[root@centos7 tmp]# ls                           \\查看重命名成功
dir1    test1.log    test2.txt    test3.txt    test4.txt
[root@centos7 tmp]# mv test2.txt dir1              \\将 test2.txt 移动到 dir1 目录
[root@centos7 tmp]# ls;ls dir1                     \\查看移动成功
dir1    test1.log    test3.txt    test4.txt        \\tmp 目录下少了 test2.txt
test2.txt\\dir1 目录下多了 test2.txt
[root@centos7 tmp]# mv dir1 dir2                  \\目录移动，如果目录 dir2 不存在，则将目录
dir1 改名为 dir2；否则，将 dir1 移动到 dir2 中
[root@centos7 tmp]# ls
dir2    test1.log    test3.txt    test4.txt        \\重命名目录为 dir2
[root@centos7 tmp]# mv -b test3.txt dir2/test2.txt   \\覆盖前备份
mv：是否覆盖"dir2/test2.txt"？ y
```

```
[root@centos7 tmp]# ls;ls dir2
dir2    test1.log    test4.txt
test2.txt    test2.txt~                                    \\备份文件 test2.txt~
[root@centos7 tmp]# mv test1.log test4.txt dir2            \\移动多个文件到 dir2
[root@centos7 tmp]# ls;ls dir2
dir2
test1.log    test2.txt    test2.txt~    test4.txt
[root@centos7 tmp]# mv dir2/* /tmp/           \\将 dir2 目录下的所有文件移动到 tmp 目录中
[root@centos7 tmp]# ls
dir2    test1.log    test2.txt    test2.txt~    test4.txt
```

4. dd 命令

命令格式：dd　[参数选项]

命令功能：用指定大小的数据块拷贝一个文件，并在拷贝的同时进行指定的转换。其中/dev/zero 是一种特殊的设备文件，该设备文件提供无穷尽的 0，但不会占用系统存储空间，我们可以使用它来初始化文件，生成一个指定大小的文件。这一方式在进行磁盘配额测试中非常有用。

dd 命令参数说明如表 2-15 所示。

表 2-15　dd 命令参数说明

参　　数	说　　　　明
if=文件名	输入的文件名称
of=文件名	输出的文件名称
bs=bytes	设置读入/输出的块大小为 bytes 个字节
count=blocks	设置复制块的个数，块大小等于 bs 指定的字节数

例如：

```
[root@centos7 tmp]# dd if=/dev/zero of=file1 bs=100M count=2      \\从/dev/zero 设备文件中取出
2 个大小为 100 MB 的数据块，输出生成 200 MB 的文件 file1
记录了 2+0 的读入
记录了 2+0 的写出
209715200 字节(210 MB)已复制，0.326178 秒，643 MB/秒
[root@centos7 tmp]# ll                              //长格式查看所生成的 file1 文件
-rw-r--r--. 1 root root 209715200 4 月   16 17:59 file1
[root@centos7 tmp]dd if=/dev/sdb of=/dev/sdc      //备份/dev/sdb 整个磁盘的数据到磁盘/dev/sdc
[root@centos7 tmp]dd if=/dev/sdb of=/tmp/image    //备份/dev/sdb 整个磁盘的数据到指定路径的
image 文件
[root@centos7 tmp]dd if=/tmp/image of=/dev/sdb    //将备份 image 文件恢复到指定磁盘
[root@centos7 tmp]dd if=/dev/cdrom of=/tmp/cdrom.iso      //将光盘内容保存为 ISO 文件
```

5. ln 命令

命令格式：ln　[选项]　源文件目标文件

命令功能：用于为源文件在另外一个位置建立一个同步的链接，无论修改源文件还是链接文件，文件的内容都会同步更改。

ln 命令常用选项如表 2-16 所示。

文件类操作命令(3)

表 2-16　ln 命令常用选项

选　项	功　能
-s	软链接

链接(link)，也叫文件的别名，链接分为两种：硬链接(hard link)与软链接(symbolic link)，ln 命令默认情况下建立的是硬链接，如果建立软链接，则源文件一定要使用绝对路径。

硬链接：硬链接指的是给一个文件的 inode(索引结点，每一个文件都有唯一的 inode 号)分配多个文件名，通过任何一个文件名都可以找到此文件的 inode，从而读取该文件的数据信息。硬链接有以下特点：

(1) 在硬链接中不论是删除源文件，还是删除硬链接文件，只要还有一个文件存在，这个文件的内容都可以被访问。

(2) 硬链接不会建立新的 inode 信息，也不会更改 inode 的总数。

(3) 硬链接不能跨文件系统(分区)建立。

(4) 硬链接不能链接目录。

软链接：软链接也叫符号链接，类似于 Windows 系统中给文件创建快捷方式，即产生一个特殊文件，该文件用来指向另一个文件或目录。软链接有以下特点：

(1) 删除软链接文件，源文件不受影响，而删除源文件，软链接文件将找不到实际的数据，从而显示文件不存在。

(2) 软链接会新建自己的 inode 信息和 block，只是在 block 中不存储实际文件数据，而存储的是源文件的文件名及 inode 号。

(3) 软链接可以链接文件和目录。

(4) 软链接可跨文件系统(分区)建立。

例如：

```
[root@centos7 tmp]# touch test.txt                    \\创建源文件
[root@centos7 tmp]# ln /tmp/test.txt /root/test-hard   \\给源文件建立硬链接文件
[root@centos7 tmp]# ll -i /tmp/test.txt /root/test-hard
16777289 -rw-r--r--. 2 root root 0 4 月    17 01:11 /root/test-hard
16777289 -rw-r--r--. 2 root root 0 4 月    17 01:11 /tmp/test.txt
\\查看源文件和硬链接文件，这两个文件的 inode 号是一样的
[root@centos7 tmp]# echo 1111 >>/tmp/test.txt         \\向源文件写入数据
[root@centos7 tmp]# cat /tmp/test.txt
1111
[root@centos7 tmp]# cat /root/test-hard
1111
```

\\源文件和硬链接文件的内容同步发生了改变

[root@centos7 tmp]# **echo 2222 >> /root/test-hard**　　　　　　\\向硬链接文件写入数据

[root@centos7 tmp]# **cat /tmp/test.txt**

1111

2222

[root@centos7 tmp]# **cat /root/test-hard**

1111

2222

\\源文件和硬链接文件的内容也同步发生了改变

[root@centos7 tmp]# **rm -f /tmp/test.txt**　　　　　　　　　　\\删除源文件

[root@centos7 tmp]# **cat /root/test-hard**

1111

2222

\\硬链接文件依然可以正常读取

[root@centos7 tmp]# **touch test2.txt**　　　　　　　　　　　\\创建软链接源文件

[root@centos7 tmp]# **ln -s /tmp/test2.txt　/root/test2-soft**　　\\建立软链接文件

[root@centos7 tmp]# **ll -id /tmp/test2.txt　/root/test2-soft**

34838007 lrwxrwxrwx. 1 root root 14 4 月　17 01:15 /root/test2-soft -> /tmp/test2.txt

17683820 -rw-r--r--. 1 root root　0 4 月　17 01:14 /tmp/test2.txt

\\通过查看可发现源文件和软链接文件的 inode 号不一致，并且软链接文件通过 "->" 符号标识

出源文件的位置

[root@centos7 tmp]# **echo 1111 >>/tmp/test2.txt**　　　　　　　\\向源文件写入数据

[root@centos7 tmp]# **cat /tmp/test2.txt**

1111

[root@centos7 tmp]# **cat /root/test2-soft**

1111

\\源文件和软链接文件的内容同步发生了改变

[root@centos7 tmp]# **echo 2222 >> /root/test2-soft**　　　　　\\向软链接文件写入数据

[root@centos7 tmp]# **cat /root/test2-soft**

1111

2222

[root@centos7 tmp]# **cat /tmp/test2.txt**

1111

2222

\\源文件和软链接文件的内容同步发生了改变

[root@centos7 tmp]# **rm -f /tmp/test2.txt**　　　　　　　　　　\\删除源文件

[root@centos7 tmp]# **cat /root/test2-soft**

cat: /root/test2-soft: 没有那个文件或目录　　　　　　　　\\软链接文件无法正常使用

[root@centos7 tmp]# **mkdir dir**　　　　　　　　　　　　　　\\创建源目录

```
[root@centos7 tmp]# ln -s /tmp/dir/ /root/dir-soft        \\对目录建立软链接
[root@centos7 tmp]# ll -d /root/dir-soft                  \\软链接可链接目录
lrwxrwxrwx. 1 root root 9 4 月    17 01:19 /root/dir-soft -> /tmp/dir/
```

6. whereis 命令

命令格式：whereis　[选项]　命令字

命令功能：用于寻找该命令可执行文件所在的位置。

whereis 命令常用选项如表 2-17 所示。

表 2-17　whereis 命令常用选项

选　项	功　　能
-b	只查找二进制文件
-m	只查找命令的联机帮助手册部分
-s	只查找源代码文件

例如：

```
[root@centos7 tmp]# whereis cp                            \\查找 cp 命令的位置
cp: /usr/bin/cp /usr/share/man/man1/cp.1.gz /usr/share/man/man1p/cp.1p.gz
```

7. whatis 命令

命令格式：whatis　[选项]　命令字

命令功能：用于查询一个命令执行什么功能，并获取命令在 man 命令手册中的哪一个章节。

例如：

```
[root@centos7 tmp]# whatis cp
cp (1)                - 复制文件和目录
cp (1p)               - copy files
```

2.2.4　文件内容类操作命令

文件内容类操作命令

1. cat 命令

命令格式：cat　[选项]　文件名

命令功能：主要用于查看文件内容，创建文件，文件合并，追加文件内容。在用于查看文件内容时，由于 cat 无法分屏显示，在字符窗口下查看文件内容超出一个屏幕的时候，超出部分是无法看到的，因此，cat 命令适用于查看文件内容比较少的情况。

cat 命令常用选项如表 2-18 所示。

表 2-18　cat 命令常用选项

选　项	功　　能
-n	对输出内容中的所有行标注行号
-b	对输出内容中的所有非空行标注行号

例如：

```
[root@centos7 tmp]# cat test.txt                    \\查看 test.txt 的内容
11111
22222

33333
[root@centos7 tmp]# cat -n test.txt                 \\文件内容前标注行号
     1    11111
     2    22222
     3
     4    33333
[root@centos7 tmp]# cat >f1.txt<<eof
> this is test file
> eof
```

\\创建新文件 f1.txt，注意需要设置文件结束标志 "<<eof"，eof 可以换成其他字符，区分大小写，在输入完文件内容之后需要输入结束标志 eof 以结束命令

```
[root@centos7 tmp]# cat f1.txt                      \\查看新创建文件 f1.txt 的内容
this is test file
[root@centos7 tmp]# cat f1.txt f2.txt >f3.txt
```

\\合并文件 f1.txt、f2.txt 到 f3.txt 文件中，如果 f3.txt 不存在，则创建，如果存在，则覆盖 f3.txt 原有内容

```
[root@centos7 tmp]# cat f1.txt f2.txt >>f3.txt
```

\\合并文件 f1.txt、f2.txt 到 f3.txt 文件中，如果 f3.txt 不存在，则创建，如果存在，则追加到 f3.txt 原有内容的后面

2. more/less 命令

命令格式：more/less　[选项]　文件名

命令功能：用于分屏显示文件内容。如果文件内容太多无法一屏显示时就需要使用 more/less 命令。less 命令是 more 命令的改进版，两个命令之间的操作基本上一致，因此这里只讲解 less 命令。

less 命令常用选项如表 2-19 所示。

表 2-19　less 命令常用选项

选　　项	功　　　　能
+num	从第 num 行开始显示，num 为数字
-num	定义屏幕大小为 num 行，num 为数字
-s	把连续的多个空行显示为一行
+/pattern	+/pattern 在每个档案显示前搜寻该字串(pattern)，然后从该字串前两行之后开始显示
-N	显示行号(只对 less 命令有效)

less 命令常用操作如表 2-20 所示。

表 2-20　less 命令常用操作

按　键	功　能
h	显示常用操作命令使用说明
Enter(回车键)	向下滚动 1 行
Ctrl+f Space(空格键)	向下滚动一屏
b/Ctrl+b	返回上一屏
/字符串	在当前显示内容中，向下搜寻关键字"字符串"
=	输出文件名和当前行的行号
!命令	调用 shell 并执行命令
q	退出 less

例如：

[root@centos7 ~]# **more +3 initial-setup-ks.cfg**　　　\\从第三行开始分屏显示文件内容
[root@centos7 ~]# **more -10 initial-setup-ks.cfg**　　　\\设置每屏显示文件内容为 10 行
[root@centos7 ~]# **more +/Use initial-setup-ks.cfg**　　　\\从文件中查找第一个出现"Use"字符串的行并从该处前两行开始显示输出
[root@centos7 ~]# **cat initial-setup-ks.cfg |more -5**　　　\\使用 cat 命令查看文件内容并使用 more 来分屏显示。其中"|"表示管道，作用是可以将前面命令的输出当做后面命令的输入

3. head 命令

命令格式：head　[选项]　文件名
命令功能：用于显示文件开头部分的内容，默认情况下只显示文件前 10 行的内容。
head 命令常用选项如表 2-21 所示。

表 2-21　head 命令常用选项

选　项	功　能
-n　num	显示指定文件的前 num 行，num 为数字
-c　num	显示指定文件的前 num 个字符，num 为数字

例如：

[root@centos7 ~]# **head -n 15 /etc/passwd**　　　\\显示 passwd 文件的前 15 行内容

4. tail 命令

命令格式：tail　[选项]　文件名
命令功能：用于显示文件末尾部分的内容，默认情况下只显示文件末尾 10 行的内容。该命令经常用于查看用户文件和用户密码文件。

tail 命令常用选项如表 2-22 所示。

表 2-22　tail 命令常用选项

选　项	功　　能
-n　num	显示指定文件的末尾 num 行，num 为数字
-c　num	显示指定文件的末尾 num 个字符，num 为数字
-f	动态显示文件的末尾 10 行，适用于动态地查看日志文件

例如：

```
[root@centos7 ~]# tail -n 5 /etc/passwd        \\显示 passwd 文件末尾 5 行的内容
[root@centos7 ~]# tail -f /var/log/messages   \\动态显示日志文件 messages，直到按 ctrl+c 结束命令
```

2.2.5　文件搜索和查找类命令

1. grep 命令

命令格式：grep　[选项]　文件名

命令功能：grep 是一种强大的文本搜索工具，它使用正则表达式搜索文本并把包含关键字的行打印出来。如果要查找的关键字中带有空格，则需要使用单引号或双引号括起来。

grep 命令常用选项如表 2-23 所示。

表 2-23　grep 命令常用选项

选　项	功　　能
-v	反向选择，显示不能被匹配的行
-c	对匹配的行进行计数
-i	对匹配模式不区分大小写
-n	显示每个匹配行的行号
^	匹配正则表达式的开始行
$	匹配正则表达式的结束行
[ ]	单个字符，如[A]，即 A 符合要求
[-]	范围，如[A-Z]，即 A、B、C 一直到 Z 都符合要求
.	匹配任意单个字符

例如：

```
[root@centos7 ~]# grep root /etc/passwd          \\查找包含 root 的行
[root@centos7 ~]# grep -c root /etc/passwd       \\统计包含 root 的行数
[root@centos7 ~]# grep -n root /etc/passwd       \\查找包含 root 的行并显示行号
[root@centos7 ~]# grep ^root /etc/passwd         \\查找以 root 开头的行
[root@centos7 ~]# grep nologin$ /etc/passwd      \\查找以 nologin 结尾的行
[root@centos7 ~]# grep ^root$ /etc/passwd        \\查找仅包含 "root" 的行
```

2. find 命令

命令格式：find　[路径]　[匹配表达式]

命令功能：用于在结构目录(文件树)中查找文件并执行指定的操作。

find 命令常用选项如表 2-24 所示。

表 2-24　find 命令常用选项

选　项	功　能
-name　filename	查找名为 filename 的文件
-perm	按执行权限来查找
-user username	按文件属主来查找
-group groupname	按文件所属的组来查找
-mtime ±n	按文件更改时间来查找文件，-n 指 n 天以内，+n 指 n 天以前
-atime ±n	按文件访问时间来查找文件，-n 指 n 天以内，+n 指 n 天以前
-ctime ±n	按文件创建时间来查找文件，-n 指 n 天以内，+n 指 n 天以前
-sizen±n	查找文件大小为 n 块的文件，一块为 512 B。符号"+n"表示查找大小大于 n 块的文件；符号"-n"表示查找大小小于 n 块的文件；符号"nc"表示查找大小为 n 个字符的文件
-type b/d/c/p/l/f	查找块设备(b)、目录(d)、字符设备(c)、管道(p)、符号链接(l)、普通文件(f)
-exec　command {} \;	对匹配指定条件的文件执行 command 命令，其中"{}"代表查找到的文件，"\;"是固定结尾格式写法，下同
-ok　command {} \;	与 exec 相同，但执行 command 命令时请求用户确认

例如：

```
[root@centos7 ~]# ls                         \\在当前目录下创建子目录 test 和文件 test.txt
anaconda-ks.cfg  initial-setup-ks.cfg  test  test.txt  公共  模板  视频  图片  文档  下载
音乐  桌面
[root@centos7 ~]# find . -name "*est*"        \\查找包含 est 字符串的文件和目录
./test.txt
./test
[root@centos7 ~]# find . -type d -name "*est*"     \\查找包含 est 字符串的目录
./test
[root@centos7 ~]# find . -type f -name "*est*"     \\查找包含 est 字符串的普通文件
./test.txt
[root@centos7 ~]# find . -type f -name "*est*" -exec mv {} ./test \;   //查找包含 est 字符串的普通
文件并执行 mv 命令将其移动到 test 目录中
[root@centos7 ~]# ls;ls ./test
anaconda-ks.cfg  initial-setup-ks.cfg  test  公共  模板  视频  图片  文档  下载  音乐  桌面
test.txt
[root@centos7 ~]#
```

2.2.6　输入/输出重定向和管道命令符

1. 输入/输出重定向

在 Linux 系统中，我们在执行命令时，大部分命令都具有标准的输入/输出设备端口，我们称之为标准的输入/输出设备，如表 2-25 所示。

表 2-25　标准 I/O 设备

设备	设备名	文件描述符	类型
键盘	/dev/stdin	0	标准输入
显示器	/dev/stdout	1	标准输出
显示器	/dev/stderr	2	标准错误输出

输入/输出重定向是指不使用系统提供的标准输入/输出设备，而进行重新指定。一般重定向都是指定到文件。重定向需要使用重定向符号，重定向符号及其作用如表 2-26 所示。

表 2-26　重定向符号及其作用

设　备	作　用
command < file	将 file 文件作为 command 命令的标准输入
command <<分界符	从标准输入中读入，直到遇见分界符才停止
command < file1 > file2	将 file1 文件作为命令的标准输入并将标准输出到 file2 文件
command > file	将标准输出重定向到 file 文件中，file 文件若存在，则清空原有 file 文件的数据；若不存在，则创建 file 文件
command >> file	将标准输出重定向到 file 文件中，file 文件若存在，则追加到 file 原有内容的后面；若不存在，则创建 file 文件
command 2> file	将错误输出重定向到 file 文件中，file 文件若存在，则清空原有 file 文件的数据；若不存在，则创建 file 文件
command 2>> file	将错误输出重定向到 file 文件中，file 文件若存在，则追加到 file 原有内容的后面；若不存在，则创建 file 文件
command&>> file 或 command >> file2>&1	将标准输出与错误输出共同写入到 file 文件中，file 文件若存在，则追加到 file 原有内容的后面；若不存在，则创建 file 文件

例如：

```
[root@centos7 ~]# wc initial-setup-ks.cfg
    64   149 1557 initial-setup-ks.cfg
```

\\统计 initial-setup-ks.cfg 文件的行数，initial-setup-ks.cfg 由标准输入设备键盘输入

```
[root@centos7 ~]# wc < /root/initial-setup-ks.cfg
    64   149 1557
```

\\统计 initial-setup-ks.cfg 文件的行数，initial-setup-ks.cfg 由文件重定向输入

```
[root@centos7 ~]# cat << end
> this is test
> end
```

this is test

\\cat 对象由标准输入设备键盘输入，遇到分界会 end 结束键盘输入并 cat 输出，分界符可以是任意符号

[root@centos7 ~]# **wc < /root/initial-setup-ks.cfg > file2;cat file2**

　64　149 1557

\\由文件重定向输入给 wc 命令，并重定向到 file2 文件，由 cat 验证

[root@centos7 ~]# **ls initial-setup-ks.cfg test.txt**

ls: 无法访问 test.txt: 没有那个文件或目录

initial-setup-ks.cfg

\\ls 查看 initial-setup-ks.cfg 和 test.txt 两个文件，由于 test.txt 文件不存在，所以在屏幕输出错误信息

[root@centos7 ~]# **ls initial-setup-ks.cfg test.txt > success.txt**

ls: 无法访问 test.txt: 没有那个文件或目录

\\把正确的输出重定向到 success.txt 文件，正确输出信息屏幕上不再显示

[root@centos7 ~]# **cat success.txt**

initial-setup-ks.cfg

\\验证 success.txt 文件

[root@centos7 ~]# **ls initial-setup-ks.cfg test.txt 2> err.txt**

initial-setup-ks.cfg

\\把错误的输出重定向到 err.txt 文件，错误输出信息屏幕上不再显示

[root@centos7 ~]# **cat err.txt**

ls: 无法访问 test.txt: 没有那个文件或目录

\\验证 err.txt 文件

[root@centos7 ~]# **ls initial-setup-ks.cfg test.txt &> all.txt**

\\把正确和错误输出都重定向到 all.txt 文件

[root@centos7 ~]# **cat all.txt**

ls: 无法访问 test.txt: 没有那个文件或目录

initial-setup-ks.cfg

\\验证 all.txt 文件

[root@centos7 ~]#

2. 管道符

管道符的作用是把前一个命令原本要输出到屏幕的标准正常数据当作后一个命令的标准输入，通过管道符可以把很多命令组合起来，提高工作效率。管道符用"|"符号表示，使用格式如下：

命令 A|命令 B|命令 C…

例如：

[root@centos7 ~]# **grep "/sbin/nologin" /etc/passwd |wc -l**

35

\\先使用 grep 命令查找/etc/passwd 文件包含"/sbin/nologin"关键字的行，然后通过管道命令符把查找的结果传递给 wc 命令，作为 wc 命令的对象进行行数的统计

[root@centos7 ~]# **echo "123456"|passwd --stdin test**

更改用户 test 的密码

passwd：所有的身份验证令牌已经成功更新

\\使用非交互方式更改 test 用户的密码为 123456，echo 命令用于在终端输出字符串或变量的值，"--stdin"选项用于从标准输入管道读入新的值，passwd 命令用于更改用户密码

注：非交互方式就是在重置用户密码时不需要人工干预，特别适合在 shell 编程中使用。

2.2.7　系统信息和进程管理类命令

1. uname 命令

命令格式：uname　[选项]

命令功能：用于查看系统内核与系统版本信息。

uname 命令常用选项如表 2-27 所示。

表 2-27　uname 命令常用选项

选　项	功　能
-a	显示所有信息
-m	显示硬件信息
-n	显示主机名
-r	显示内核信息

例如：

[root@centos7 ~]# **uname -a**

Linux centos7.linux 3.10.0-693.el7.x86_64 #1 SMP Tue Aug 22 21:09:27 UTC 2017 x86_64 x86_64 x86_64 GNU/Linux

[root@centos7 ~]# **uname -m**

x86_64

[root@centos7 ~]# **uname -n**

centos7.linux

[root@centos7 ~]# **uname -r**

3.10.0-693.el7.x86_64

注：通过查看/etc/redhat-release 文件也可获得当前系统版本的详细信息。

2. history 命令

命令格式：history　[选项]

命令功能：用于显示历史命令并记录内容，下达历史记录中的命令。

history 命令常用选项如表 2-28 所示。

表 2-28　history 命令常用选项

选　项	功　能
-n	显示历史记录中最近的 n 条记录
-c	清空当前历史命令
-a	将历史命令缓冲区中的命令写入历史命令文件中
-r	将历史命令文件中的命令读入当前历史命令缓冲区中
-w	将历史命令缓冲区中的命令写入历史命令文件中
!	执行历史记录中的命令

　　历史记录默认储存 1000 条记录，我们可以通过更改~/.bashrc(每个用户家目录下的文件)配置文件修改历史记录的存储量，也可以添加历史记录的执行时间等参数。

　　例如：

```
[root@centos7 ~]# history              \\查看历史记录命令
    1   su test
    2   runlevel
……(省略部分)
[root@centos7 ~]# export HISTTIMEFORMAT='%F %T '
//设置环境变量“HISTTIMEFORMAT”添加时间显示
[root@centos7 ~]# echo $HISTTIMEFORMAT     \\查看环境变量
%F %T
[root@centos7 ~]# history 2   \\查看最后 2 条历史记录命令，发现已经添加了命令的执行时间
   20   2020-04-22 01:03:21 export HISTTIMEFORMAT='%F %T '
   21   2020-04-22 01:03:28 history 2
[root@centos7 ~]# echo $HISTSIZE              \\查看历史记录命令的储存量为 1000
1000
[root@centos7 ~]# export HISTSIZE=2000       \\修改历史记录命令的储存量为 2000
[root@centos7 ~]# echo $HISTSIZE              \\查看环境变量
2000
[root@centos7 ~]#!!                           \\执行最近一次使用的命令
[root@centos7 ~]#!20                          \\执行历史记录中的第 20 条命令
[root@centos7 ~]# cat ~/.bash_history         \\查看历史记录文件~/.bash_history
[root@centos7 ~]#history –a                   \\把缓存中命令写到历史记录文件中
```

　　注：以上更改历史记录的参数只是通过修改当前状态下的环境变量临时生效，如果想永久生效，则需要在~/.bashrc 配置文件的末尾添加“export HISTTIMEFORMAT='%F %T'”“export HISTFILESIZE=2000”，然后“source /root/.bashrc”或重启系统使配置生效。

　　3. top 命令

　　命令格式：top　[选项]

　　命令功能：top 命令是 Linux 系统常用的性能分析工具，能够实时显示系统中各个进

程的资源占用状况，类似于 Windows 的任务管理器。

top 命令常用选项如表 2-29 所示。

表 2-29　top 命令常用选项

选　项	功　　能
-d	指定每两次屏幕信息刷新之间的时间间隔。也可以使用 s 交互命令来改变
-p	通过指定监控进程 ID 来监控某个进程的状态
-q	使 top 没有任何延迟地进行刷新
-s	使 top 命令在安全模式中运行。这将去除交互命令所带来的潜在危险
-i	使 top 不显示任何闲置或者僵死进程
-c	显示整个命令行而不只是显示命令名

top 命令是以交互界面方式来运行的，因此，掌握交互命令才可以很好地使用 top 命令。常用的交互命令如表 2-30 所示。

表 2-30　top 命令常用的交互命令

按　键	作　　用
h 或?	显示帮助界面，给出一些简短的命令总结说明
k	终止一个进程。系统将提示用户输入需要终止的进程 PID，以及需要发送给该进程什么样的信号
M	根据驻留内存大小进行排序
p	根据 CPU 使用百分比大小进行排序
T	根据时间/累计时间进行排序

执行 top 命令后，交互运行界面如图 2-3 所示。

```
top - 03:46:25 up 17:48,  2 users,  load average: 0.02, 0.04, 0.05
Tasks: 168 total,   1 running, 167 sleeping,   0 stopped,   0 zombie
%Cpu(s):  2.0 us,  0.3 sy,  0.0 ni, 97.3 id,  0.0 wa,  0.0 hi,  0.3 si,  0.0 st
KiB Mem :   999696 total,    68016 free,   722996 used,   208684 buff/cache
KiB Swap:  2097148 total,  2029284 free,    67864 used.    71520 avail Mem

  PID USER      PR  NI    VIRT    RES    SHR S %CPU %MEM     TIME+ COMMAND
 1256 root      20   0  326796  59348   3464 S  1.3  5.9   0:27.34 X
 1844 root      20   0 1997608 245068  23236 S  1.3 24.5   1:09.17 gnome-shell
 2009 root      20   0  385732   7020   2916 S  0.7  0.7   0:49.14 vmtoolsd
 2431 root      20   0  739360  17184   7044 S  0.7  1.7   0:05.17 gnome-terminal-
    1 root      20   0  128164   4512   2596 S  0.0  0.5   0:02.37 systemd
    2 root      20   0       0      0      0 S  0.0  0.0   0:00.01 kthreadd
    3 root      20   0       0      0      0 S  0.0  0.0   0:00.36 ksoftirqd/0
    5 root       0 -20       0      0      0 S  0.0  0.0   0:00.00 kworker/0:0H
    7 root      rt   0       0      0      0 S  0.0  0.0   0:00.00 migration/0
    8 root      20   0       0      0      0 S  0.0  0.0   0:00.00 rcu_bh
    9 root      20   0       0      0      0 S  0.0  0.0   0:01.26 rcu_sched
   10 root      rt   0       0      0      0 S  0.0  0.0   0:00.33 watchdog/0
   12 root      20   0       0      0      0 S  0.0  0.0   0:00.00 kdevtmpfs
   13 root       0 -20       0      0      0 S  0.0  0.0   0:00.00 netns
   14 root      20   0       0      0      0 S  0.0  0.0   0:00.03 khungtaskd
   15 root       0 -20       0      0      0 S  0.0  0.0   0:00.00 writeback
   16 root       0 -20       0      0      0 S  0.0  0.0   0:00.00 kintegrityd
```

图 2-3　top 交互运行界面

其中，前 6 行数据的含义如下：

第 1 行：当前系统时间(top)、系统已运行时间(up)、当前登录用户数(users)、系统负载(load average)。系统负载的三个数值分别为 1 分钟、5 分钟、15 分钟前到现在的平均值。

第 2 行：本行为进程的信息，分别是进程总数(total)、正在运行的进程数(running)、睡眠的进程数(sleeping)、停止的进程数(stopped)、僵尸进程数(zombie)。

第 3 行：本行为 CPU 的信息，分别为用户空间占用 CPU 百分比(us)、内核空间占用 CPU 百分比(sy)、用户进程空间内改变过优先级的进程占用 CPU 百分比(ni)、空闲 CPU 百分比(id)、等待输入输出的 CPU 时间百分比(wa)、虚拟 CPU 等待实际 CPU 的时间百分比(st)。

第 4 行：本行为内存信息，分别为物理内存总量(total)、空闲内存总量(free)、使用的物理内存总量(used)、用作内核缓存的内存量(buff/cache)。

第 5 行：本行为交换分区信息，分别为交换区总量(total)、空闲交换区总量(free)、使用的交换区总量(used)、进程下一次可分配的物理内存数量(avail Mem)。

第 6 行：各进程的状态监控，各列的含义分别为进程 ID(PID)、进程所有者的用户名(USER)、优先级(PR)、nice 值(NI)、进程使用的虚拟内存总量，单位 kb(VIRT)、进程使用的、未被换出的物理内存大小，单位 kb(RES)、共享内存大小，单位 kb(SHR)、进程状态(S)、进程占用 CPU 百分比(%CPU)、进程使用的物理内存百分比(%MEM)、进程使用的 CPU 时间(TIME)、命令名(COMMAND)。

4. ps 命令

命令格式：ps　[选项]

命令功能：ps 命令是 process status 的缩写。ps 命令列出系统中当前运行的那些进程的快照，显示的是一个瞬间的状态，便于管理员对进程进行分析。

ps 命令常用选项如表 2-31 所示。

表 2-31　ps 命令常用选项

选　项	功　　能
-A	所有的进程均显示出来，与-e 具有同样的效用
-a	显示现行终端机下的所有进程，包括其他用户的进程
-u	以用户为主的进程状态
-x	通常与-a 选项一起使用，可列出较完整的信息

执行 ps-aux 命令之后，具体输出结果如图 2-4 所示。

```
[root@centos7 ~]# ps -aux
USER       PID %CPU %MEM    VSZ    RSS TTY      STAT START   TIME COMMAND
root         1  0.0  0.4 128164   4512 ?        Ss   4月22   0:02 /usr/lib/systemd/sys
root         2  0.0  0.0      0      0 ?        S    4月22   0:00 [kthreadd]
root         3  0.0  0.0      0      0 ?        S    4月22   0:00 [ksoftirqd/0]
root         5  0.0  0.0      0      0 ?        S<   4月22   0:00 [kworker/0:0H]
root         7  0.0  0.0      0      0 ?        S    4月22   0:00 [migration/0]
root         8  0.0  0.0      0      0 ?        S    4月22   0:00 [rcu_bh]
root         9  0.0  0.0      0      0 ?        R    4月22   0:01 [rcu_sched]
root        10  0.0  0.0      0      0 ?        S    4月22   0:00 [watchdog/0]
root        12  0.0  0.0      0      0 ?        S    4月22   0:00 [kdevtmpfs]
```

图 2-4　ps 输出结果

5. stat 命令

命令格式：stat　[选项]　文件名

命令功能：用于显示文件或文件系统的详细信息，stat 命令与 ls 命令相比能显示文件更详细的信息。

stat 命令常用选项如表 2-32 所示。

表 2-32　stat 命令常用选项

选　　项	功　　能
-L	显示符号链接所指向文件的信息
-f	显示文件所在文件系统的信息
-t	以简洁的方式输出信息
-c	以特定格式输出文件的某些信息

例如：

```
[root@centos7 ~]# stat initial-setup-ks.cfg
文件："initial-setup-ks.cfg"
大小：1557          块：8          IO 块：4096    普通文件
设备：fd00h/64768d  Inode：33574979    硬链接：1
权限：(0644/-rw-r--r--)  Uid：(    0/    root)  Gid：(    0/    root)
环境：system_u:object_r:admin_home_t:s0
最近访问：2020-04-03 10:01:59.755137715 +0800
最近更改：2020-04-03 10:01:59.755137715 +0800
最近改动：2020-04-03 10:01:59.755137715 +0800
创建时间：-
\\输出文件 initial-setup-ks.cfg 的详细信息
[root@centos7 ~]# stat -t initial-setup-ks.cfg
initial-setup-ks.cfg 1557 8 81a4 0 0 fd00 33574979 1 0 0 1585879319 1585879319 1585879319 0
4096 system_u:object_r:admin_home_t:s0
```

\\以简洁的方式输出 initial-setup-ks.cfg 文件信息，这对 shell 脚本非常有用，在 shell 脚本中可以使用一个简单的 cut 命令获得某一个值以进行进一步处理

```
[root@centos7 ~]# stat -f initial-setup-ks.cfg
文件："initial-setup-ks.cfg"
    ID：fd0000000000 文件名长度：255      类型：xfs
块大小：4096       基本块大小：4096
块：总计：4452864    空闲：3647702    可用：3647702
Inodes：总计：8910848    空闲：8793579
\\输出文件所在文件系统的信息
[root@centos7 ~]# stat -c %A initial-setup-ks.cfg          \\输出文件权限
-rw-r--r--
```

[root@centos7 ~]# **stat -c %i initial-setup-ks.cfg**　　　\\输出文件的 inode 值
33574979

实训　Linux 基本命令操作

1．实训目的

(1) 掌握 Linux 各目录的含义。

(2) 掌握绝对路径和相对路径。

(3) 掌握命令的通用格式。

(4) 掌握 Linux 各类命令的使用方法。

2．实训内容

(1) 使用 TAB 键自动补齐 ifconfig、cd /etc/sysconfig/network-scripts/等命令和路径，动手操作强制换行"\"，ctrl+u、ctrl+k、ctrl+u、ctrl+c、上下方向键等快捷方式。

(2) 使用 man ls 命令查看 ls 命令信息或使用 man 命令查看其他命令信息，尝试读懂命令的选项及参数。

(3) 使用 pwd 查看当时的绝对路径。

(4) 使用 cd 命令分别切换到"/"目录、"/home"目录、"/etc/sysconfig"目录、练习使用"cd .."返回上一级目录、"cd 或 cd ~"返回当前家目录、利用"."".."使用相对路径的方式切换到下一级目录。

(5) 使用 ls 命令查看当前目录内容、查看/root、查看/根目录内容、查看/var、查看/etc/sysconfig 等目录内容，加入选项"-a""-l""-d"查看。

(6) 使用 mkdir 在/root/目录下创建 dir1 目录、使用选项-p 在"/"目录下创建 dir2/subdir2 多级目录。分别在/、/root/、/var/tmp/目录下同时创建 dir3、dir4、dir5 目录并使用 ls 命令分别查看创建的目录。

(7) 使用 rmdir 命令逆操作，删除前面创建的目录。

(8) 使用 touch 命令在默认目录下创建 test1.txt 文件，在指定/var/tmp/目录下创建 test2.txt 文件。

(9) 使用 cp 命令拷贝 test1.txt 文件到/目录，拷贝/var/tmp/test2.txt 文件到/root/目录；在 /var/tmp/目录下分别创建 test1、test2、test3/test4/test5 目录，在 test2 目录下创建 test3.txt 文件，使用 cp 命令把创建的目录都拷贝到/root/目录下。在拷贝过程中，掌握"-r"选项的功能。

(10) 使用 rm 命令分别删除/test1.txt、/root/test2.txt 文件，使用 rm 命令删除/root/test1、/root/test2、/root/test3 目录，掌握"-f、-r"选项功能。

(11) 使用 mv 命令，把/root/test1.txt、/var/tmp/test2.txt 文件移动到/tmp/目录下，使用 mv 命令把/var/tmp/目录下的 test1、test2、test3 目录移动到/tmp/目录下，使用 mv 命令重命名/test1.txt 文件为 renametest1.txt。

(12) 使用 find 命令在/目录下，查找 test1.txt 文件，在查找过程中，掌握"-name"选项的功能。

(13) 使用 cat 命令查看并显示/etc/passwd、/var/log/anaconda/anaconda.log 文件内容。

(14) 使用 less、head、tail 命令查看/var/log/anaconda/anaconda.log 文件内容并体会与各命令之间的不同点。

(15) 使用 grep 命令在/var/log/anaconda/anaconda.log 文件中查找包含"rhel"关键字符串的行，在/etc/passwd 文件中分别查找以"root"字符串开头的行，以"/bin/bash"结尾的行。在查找过程中，掌握"^""$""-color"选项的功能。

(16) 使用 top 命令查看系统的动态进程信息。掌握"P""M"键的功能。

3. 实训要求

(1) 按题目要求写出相应操作，操作结果以"文字+截图"的方式保存。

(2) 总结实训心得和体会。

练 习 题

一、填空题

1. Linux 系统中，命令格式是[_____@_____　_____]提示符。

2. 在 Linux 系统中，通用的命令格式是_____　[_____] [_____]。

3. 自动补齐命令或路径的辅助键是_____。

4. 在 Linux 系统中，路径可以分为_____和_____。

5. 在 Linux 系统中，通常使用_____来查看命令的帮助信息。

二、选择题

1. 如何在文件中查找所有以"*"打头的行？(　　)

A. find * file　　　　　　　　　B. wc -l * < file

C. grep -n * file　　　　　　　　D. grep '^*' file

2. 如何删除一个非空子目录/tmp？(　　)

A. del /tmp/*　　　　　　　　　B. rm -rf /tmp

C. rm -Ra /tmp/*　　　　　　　　D. rm -rf /tmp/*

3. 默认情况下管理员创建了一个用户，就会在(　　)目录下创建一个用户主目录。

A. /usr　　　　B. /home　　　　C. /root　　　　D. /etc

4. 关于"cd ~"命令，说法正确的是(　　)。

A. 切换到当前目录　　　　　　　B. 切换到根目录

C. 切换到/root 目录　　　　　　　D. 切换到用户的 home 目录

5. 关于"man"命令的作用是(　　)。

A. 手动执行指定的命令　　　　　B. 定时执行指定的命令

C. 查看系统中的命令列表　　　　D. 查看命令的帮助信息

项目三　熟练使用 vim 文本编辑器

 项目内容

本项目主要讲解 vim 文本编辑器的使用方法，包括 vim 编辑器的三种模式，各种编辑命令的使用方法等，为后续课程在进行文本编辑时打好基础。

 思维导图

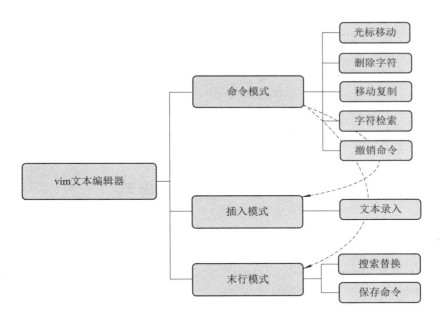

 能力目标和要求

(1) 理解 vim 编辑器的三种模式。

(2) 掌握 vim 命令模式下的使用方法。

(3) 掌握 vim 插入模式下的使用方法。

(4) 掌握 vim 末行模式下的使用方法。

任务 3.1　vim 文本编辑器

　　vim 是一个功能强大的全屏幕文本编辑器，它是 Linux 系统上最常使用的文本编辑器，用于创建、编辑、显示文本文件，尤其以后在配置各种服务器及修改配置文件时十分有用。vim 是基于命令进行使用的，而且没有菜单。vim(vi improved)是 vi(可视化编辑器，visual editor)的升级版，它不仅兼容 vi 的所有指令，而且还有一些新的特性在里面，vim 有以下几种特性：

　　(1) 多级撤销：在 vi 里按 u 只能撤销上次命令，而在 vim 里可以无限制地撤销。

　　(2) 易用性：vi 只能运行于 Unix 中，而 vim 可以运行于 Unix、Windows、Mac 等多个操作平台。

　　(3) 语法加亮：vim 可以用不同的颜色来加亮代码。

　　(4) 可视化操作：vim 不仅可以在终端运行，还可以运行于 X Window、Mac、Windows 中。

　　(5) 完全兼容 vi：某些情况下可以把 vim 当成 vi 来使用。

　　Linux 系统默认情况下已经安装了 vim 工具，可以通过 rpm 命令来确认是否已经安装，如出现以下四个软件包，则表示 vim 已经安装并可使用，否则可使用 yum 进行手动安装。

```
[root@centos7 /]# rpm -qa |grep 'vim'
vim-filesystem-7.4.160-2.el7.x86_64
vim-minimal-7.4.160-2.el7.x86_64
vim-common-7.4.160-2.el7.x86_64
vim-enhanced-7.4.160-2.el7.x86_64
[root@centos7 /]#
```

任务 3.2　vim 工作模式

　　vim 有三种工作模式：命令模式、插入模式、末行模式。每种模式所具有的功能都不同，掌握这三种模式的使用方法十分重要。

vim 模式切换

　　(1) **命令模式(Command mode)**。vim 启动后默认进入的是命令模式，在这种模式下使用命令可以切换到另外两种模式，同时在任何模式下只要按【Esc】键都可以返回命令模式。在命令模式下我们从键盘做的任何插入，系统都会将其当作一个命令来处理，而不是文本插入。

　　(2) **插入模式(Insert mode)**。在命令模式下，按"i"键进入插入模式，此时，在编辑器最后一行显示 "--INSERT--"标志。在此模式下可正常进行文字录入、编辑、修改、删除等操作。按"Esc"键，退出插入模式，返回命令模式。

　　(3) **末行模式(Last line mode)**。在命令模式下，按":"键进入末行模式。此时 vim 会在显示窗口的最后一行显示":"作为末行模式的提示符，等待用户插入命令，比如文件保存、退出等。

因此，要想使用 vim 编辑器，就要先了解三种工作模式之间是如何转换的。由图 3-1 可知，要进入插入模式和末行模式，都必须从命令模式出发。

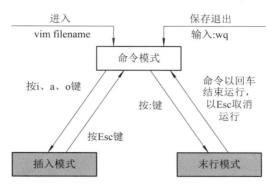

图 3-1 vim 工作模式切换方式

说明：vim 的三种模式有多种叫法，有的教材把这三种工作模式分别叫作编辑模式、插入模式、命令模式等。

任务 3.3 命 令 模 式

命令模式常用操作

输入"vim 文件名"可以创建或打开一个文件，回车后即进入 vim 的命令模式。命令模式中可以使用很多种命令对文件进行编辑。

(1) 控制屏幕光标的移动。在命令模式下，除可以通过方向键每次一个字符或每次一行字符地移动光标外，还可输入表 3-1 所示的命令来完成光标的快速移动。

表 3-1 光标移动命令

命 令	说 明
h/n h	向左/向左 n 个字符
l/n l	向右/向右 n 个字符(注意是英文小写 l)
k/n k	向上/向上 n 个字符
j/n j	向下/向下 n 个字符
Page Up/Page Down	向上翻页/向下翻页
Home/End	光标移到当前行的最左端/光标移到当前行的最右端
n [空格]	光标向右移动 n 个字符
n [回车]	光标向下移动 n 行
G/nG	光标移到最后一行/光标移动到第 n 行(注意是大写 G)
gg 或 1G	光标移动到第一行

(2) 删除字符、字或行。在插入命令模式下快速删除字符的操作命令如表 3-2 所示。

表 3-2　删除字符命令

命　令	说　　明
x/n x	向后删除一个字符/向后删除 n 个字符(注意大小写)
X/n X	向前删除一个字符/向前删除 n 个字符(注意大小写)
dd/n dd	删除当前行/删除当前行开始的 n 行

(3) 移动复制某区段的文本。在插入命令模式下实现复制、粘贴的操作命令如表 3-3 所示。

表 3-3　复制粘贴命令

命　令	说　　明
yy/n yy	复制当前行/复制当前行开始的 n 行
p(小写 p)	粘贴到当前光标的下一行
P(大写 P)	粘贴到当前光标的上一行

(4) 进行字符串的检索。在命令模式下实现字符串检索的操作命令如表 3-4 所示。

表 3-4　查找命令

命　令	说　　明
/string	从当前光标处开始正向搜索 string,此时按小写 n,则表示向下继续查找,按大写 N, 则表示向上继续查找
?string	从当前光标处开始反向搜索 string,此时按小写 n,则表示向上继续查找,按大写 N, 则表示向下继续查找

(5) 撤销与重做。在命令模式下实现撤销与重做的操作命令如表 3-5 所示。

表 3-5　撤销与重做命令

命　令	说　　明
u	撤销至前一个步骤,可多次回滚操作,类似于 Windows 中的 Ctrl+Z
CTRL+r	重做前一个操作

使用 vim 命令打开 vim 编辑器,如图 3-2 所示。

例如:

　[root@localhost ~]# **vim**　　\\直接输入 vim 命令,打开 vim 编辑器,此时处于插入模式

图 3-2　直接打开 vim 界面

打开文件 vim 界面，如图 3-3 所示。

例如：

[root@localhost ~]# **vim /root/anaconda-ks.cfg**　　　\\输入 vim 和文件名，直接使用 vim 编辑器打开对应的文件，此时处于命令模式

图 3-3　打开文件 vim 界面

任务 3.4　插　入　模　式

插入模式必须从命令模式进入，一般使用"i"键从命令模式切换到插入模式，此时在光标所在字符前插入文本。但其实根据切换到插入模式的命令不同会出现不同的效果，具体如表 3-6 所示。

表 3-6　切换至插入模式的命令

命　令	说　明
a	在光标所在字符后添加文本
A	在当前光标行最后一个字符后添加文本
i	在光标所在字符前插入文本
I	在光标当前行开头插入文本
o	在当前行下方打开一空行并将光标置于该空行行首
O	在当前行上方打开一空行并将光标置于该空行行首
r	替换光标所在字符 s
R	开始覆盖文本操作，按"Esc"键结束替换
s	删除光标所有字符并进入插入模式
S	删除光标所在行并进入插入模式

任务 3.5　末 行 模 式

末行模式也必须从命令模式进入，在命令模式下输入一个冒号"："即可由命令模式切换到末行模式。在末行模式下可以对文本进行字符搜索与替换、保存文档、执行命令等操作。相关命令如表 3-7 所示。

表 3-7　查找替换命令

命　令	说　　明
：/string	正向搜索，查找字符串 string，回车之后，vim 会高亮显示所有匹配的字符串，此时，光标定位到第一个匹配的字符串，按 n 键查找关键字的下一个位置
：?string	反向搜索，查找字符串 string，回车之后，vim 会高亮显示所有匹配的字符串，此时，光标定位到最后一个匹配的字符串，按 n 键查找关键字的上一个位置
：/string/w file	正向搜索字符串 string 并将光标之后首次匹配的行写到文件 file 中
：/string1/,/ string 2/w file	正向搜索并将包含字符串 string1 的行至包含字符串 string2 的行写到文件 file 中
：s/string1/string2/	正向搜索，将光标之后第 1 个匹配的字符串 string1 替换为字符串 string2
：s/string1/string2/g	将光标所在行中所有匹配的字符串 string1 替换为字符串 string2
：n1,n2s/string1/string2/g	正向搜索，从 n1 行到 n2 行中把所有匹配的字符串 string1 替换为字符串 string2
：ns/string1/string2/g	正向搜索，将第 n 行所有匹配的字符串 string1 替换为字符串 string2
：.,$ s/string1/string2/g	正向搜索，将当前光标所在的行到结尾的所有匹配的字符串 string1 替换为字符串 string2(在 vim 编辑器中，$代表末行)
：1,$ s/string1/string2/gc	正向搜索，将第1行到结尾的所有匹配的字符串 string1 替换为字符串 string2，替换前询问

在末行模式下保存、shell 等命令的说明如表 3-8 所示。

表 3-8　保存、shell 命令的说明

命　令	说　　明
：set nu/set nonu	显示行号/不显示行号
：r path_to_file/filename	读取 filename 文件中的内容并将其插入当前光标位置
:e path_to_file/filename	在已经启动的 vim 中打开文件 filename
：q!	不保存并退出 vim
：wq	保存并退出 vim
：w path_to_file/filename	保存为 filename 文件
：w! path_to_file/filename	用当前文本覆盖 filename 文件中的内容
：! cmd	在不退出 vim 的情况下执行 shell 命令 cmd
：r ! cmd	在不退出 vim 的情况下执行 shell 命令 cmd，并将 cmd 的输出内容插入当前文本光标所在行的下一行中

例如：

[root@localhost tmp]# **vim test.txt** 　　　　\\使用 vim 打开 test.txt 文件，此时，光标定位在第 1 行，如图 3-4 所示。test.txt 文件需提前准备

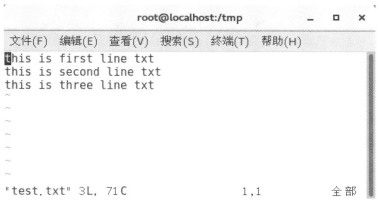

图 3-4　test 文件内容

　　:/txt　　　　\\正向搜索字符串 txt，回车后高亮显示，按"n"键向下定位第二个匹配的字符串 txt

　　:?txt　　　　\\反向搜索字符串 txt，回车后高亮显示，按"n"键向上定位第二个匹配的字符串 txt

　　:/txt/w /tmp/file2　　\\正向搜索字符串 txt，并把光标之后首次匹配的第 2 行内容写入 file2 文件中

　　:/first/,/second/w /tmp/file3　　\\正向搜索字符串 first 和 second 并把所匹配关键字的第 1、2 行写入 file3 文件中

　　:s/is/are/　　　　\\把光标所在的第 1 行匹配的第 1 个 is 替换成 are，此时，第 1 行文字变成 thare is first line txt

　　:s/is/are/g　　　　\\把光标所在的第 1 行所有匹配的 is 替换成 are，此时，第 1 行文字变成 thare are first line txt

　　:1,2s/txt/word/g　　　　\\把第 1、2 行所有的 txt 替换成 word

　　:2,s/txt/word/g　　　　\\把第 2 行匹配的 txt 替换成 word

　　:. , $ s/txt/word/g　　　　\\如果此时光标在第 2 行，则把第 2 行至末行所有匹配的 txt 替换成 word

　　:1,$ s/txt/word/gc　　　　\\把第 1 行至末行所有的 txt 替换成 word，替换前进行询问

　　说明： 在末行模式下输入":set nu"命令显示行号只对当前 vim 编辑器有效，如果希望每次打开文件都默认显示行号，则在/etc/vimrc 配置文件末行添加":set nu"语句即可(输入时不包含冒号)。

任务 3.6　异 常 处 理

vi 常用操作

　　我们在使用 vim 打开一个文件进行编辑的时候，有时会出现如图 3-5 所示的界面，这一般是由于上一次在使用 vim 编辑文件的时候非法退出，从而使得交换区缓存了文件内容。此时，我们可按提示选择"D"键删除交换文件，然后输入":wq"保存退出，下一次再打开时将不会再出现错误提示。当然，按"Q"键退出，然后手动把交换区文件删除掉，再

重新输入 vim 命令也可正常打开编辑。

例如：

```
[root@centos7 ~]# ls -a                    \\查看交换区文件.test.txt.swp
test.txt
.test.txt.swp
...(省略部分)
[root@centos7 ~]# rm -f .test.txt.swp       \\删除交换区文件
[root@centos7 ~]# vim test.txt              \\使用 vim 正常打开文件编辑
```

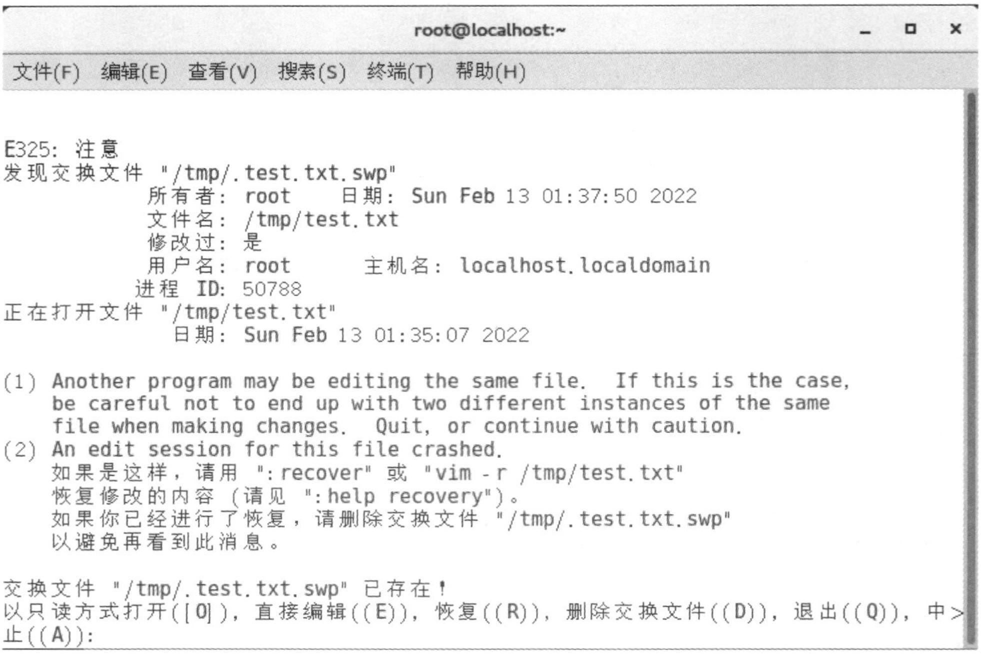

```
root@localhost:~                              _  □  ×

文件(F)  编辑(E)  查看(V)  搜索(S)  终端(T)  帮助(H)

E325: 注意
发现交换文件 "/tmp/.test.txt.swp"
          所有者: root        日期: Sun Feb 13 01:37:50 2022
          文件名: /tmp/test.txt
          修改过: 是
          用户名: root        主机名: localhost.localdomain
          进程 ID: 50788
正在打开文件 "/tmp/test.txt"
          日期: Sun Feb 13 01:35:07 2022

(1) Another program may be editing the same file.  If this is the case,
    be careful not to end up with two different instances of the same
    file when making changes.  Quit, or continue with caution.
(2) An edit session for this file crashed.
    如果是这样，请用 ":recover" 或 "vim -r /tmp/test.txt"
    恢复修改的内容 (请见 ":help recovery")。
    如果你已经进行了恢复，请删除交换文件 "/tmp/.test.txt.swp"
    以避免再看到此消息。

交换文件 "/tmp/.test.txt.swp" 已存在！
以只读方式打开([O])，直接编辑((E))，恢复((R))，删除交换文件((D))，退出((Q))，中>
止((A)):
```

图 3-5　vim 非正常打开界面

实训　熟练使用 vim 编辑器

1. 实训目的

(1) 掌握 vim 三种模式的切换方法。

(2) 掌握命令模式下各种命令的使用方法。

(3) 掌握插入模式下的文本录入方法。

(4) 掌握末行模式下各种命令的使用方法。

2. 实训内容

(1) 使用 rpm 命令查看系统是否已经安装好 vim 编辑器。

(2) 使用 vim 打开一个新文档，输入以下两段内容。

Linux is a free use and the spread of free Unix-like operating system, mainly for the series based on the Intel x86 CPU computer. Linux systems throughout the world by the hundreds of thousands of programmers design and implementation, and its aim is to establish free from any commercialization of the software by copyright constraints, the whole world can be freely used by the UNIX-compatible products. Windows mainly for the same series based on the Intel x86 CPU computer. In this paper, they make a comparison.

The kernel, at the heart of all Linux systems, is developed and released under the GNU General Public License and is its source code is freely available to everyone. It is this kernel that forms the base around which a Linux operating system is developed.

(3) 给文档显示行号。

(4) 保存文档为 About Linux 并退出。

(5) 删除倒数第二行。

(6) 查找单词 systems。

(7) 在第一段的句号处进行换行，使其变成三段。

(8) 将第二段的内容复制到文档的最后。

(9) 删除第三段的内容。

(10) 恢复删除段落。

(11) 查找所有的 Linux 单词并将其全部替换为 LINUX。

(12) 在不关闭 vim 编辑器的情况下查看/root 目录下的内容并将查看结果插入文档末尾。

(13) 强制关闭 vim 编辑器，然后重新打开文档，实行异常处理，删除缓冲区文件。

(14) 将文件另存为/tmp/Linux system。

3. 实训要求

(1) 按题目要求写出相应操作，操作结果以"文字+截图"的方式保存。

(2) 总结实训心得和体会。

练　习　题

一、填空题

1. vim 的三种工作模式分别是_____、_____、_____。

2. vim 不管处于插入模式还是末行模式，都可以使用_____键返回命令模式。

3. vim 编辑器中要想定位到文件中的第十行，则需按_____键，删除一个字母后按_____键可以恢复。

4. vim 编辑文件时跳到文档的最后一行的命令是_____，跳到第 100 行的命令是_____。

5. vim 编辑器使用_____命令删除当前光标所在的一整行。

二、选择题

1. vim 保存退出的命令是(　　)。

A. w!　　　　　B. wq!　　　　　C. q!　　　　　D. www

2. vim 移动光标到文件最后一行的命令是(　　)。

A. G　　　　　B. g　　　　　C. ggg　　　　　D. 4444

3. vim 删除当前行的命令是(　　)。

A. dd　　　　　B. d　　　　　C. D　　　　　D. shift+d

4. 在 vim 中退出不保存的命令是(　　)。

A. :q　　　　　B. :w　　　　　C. :wq　　　　　D. :q!

5. 当 vim 编辑器处于命令模式时，键入(　　)可进入插入模式在光标当前所在行下添加一新行。

A. a　　　　　B. o　　　　　C. I　　　　　D. A

项目四 Linux 用户和组群管理

 项目内容

本项目主要讲解 Linux 操作系统中用户和组群的管理，包括用户账号和组群的相关概念及其相关配置文件，如何通过用户管理器和命令对用户和组进行管理，最后简单介绍如何进行用户身份的切换。

 思维导图

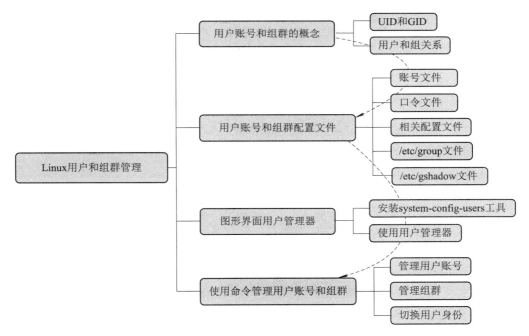

 能力目标和要求

(1) 理解用户账号和组群的概念。
(2) 理解用户和组群配置文件的含义。
(3) 掌握用户管理器的使用方法。

(4) 重点掌握如何使用命令对用户和组群进行管理。

(5) 掌握用户身份的切换。

任务 4.1　用户账号和组群的概念

Linux 操作系统是多用户多任务的操作系统，即可以多个用户同时使用系统资源进行相关任务，用户在使用系统资源之前需要通过操作系统的认证、授权。用户账号就是用户的身份标识，用户通过用户账号登录到系统，并且访问已经被授权的资源。系统依据用户账号来区分属于每个用户的文件、进程、任务并给每个用户提供特定的工作环境(如用户的工作目录、shell 版本以及图形化的环境配置等)，使每个用户都能不受干扰地独立工作。在 Linux 系统中，每一个进程都需要特定的用户运行。

在 Linux 系统中用户是分角色的，不同的角色所拥有的权限和所完成的任务不同，而用户所扮演的角色是通过用户标识(UID)和组群标识(GID)来识别的，特别是 UID，在运维工作中，一个 UID 是唯一标识一个系统用户的账号。Linux 系统的用户角色划分如表 4-1 所示。

表 4-1　用户角色分类

用户角色	UID	描　　　述
超级用户	0	默认是 root 用户，其 UID 和 GID 均为 0。在每台 Linux 操作系统中都是唯一且真实存在的，拥有最高的管理权限，可以操作系统中的任何文件和命令。在生产环境，一般禁止 root 账号远程登录(SSH)连接服务器，以加强系统安全
系统用户	1~999	与真实用户区分开来，系统安装后默认存在，且默认情况不能登录系统，它们是系统正常运行必不可少的，它们的存在主要是方便系统管理，满足相应的系统进程对文件属主的要求。其中 1~200 由系统静态分配给进程使用，201~999 由系统动态分配给进程使用
普通用户	1000~65 535	由具备系统管理员(root)权限的用户创建。UID 可由管理员指定，如果不指定，用户的 UID 默认从 1000 开始顺序编号

在 Linux 系统中，组群(也称用户组)就是具有相同特性的用户集合。把多个用户加入同一个组群中，我们只需要对组群赋予权限，组群中的用户成员即可自动获得这种权限。例如，我们需要让多个用户具有相同的查看、修改某一个文件或目录等的权限，如果给每个用户分别设置权限，则效率低下。如果使用组群就方便很多，只需要把授权的用户都加入同一个组群里，然后通过修改该文件或目录对应组群的权限，让组群具有符合需求的操作权限，这样组群下的所有用户对该文件或目录就会具有相同的权限，这就是组群的用途。

将用户分组是 Linux 系统中对用户进行管理及控制访问权限的一种手段，通过定义组群，很大程度上简化了运维管理工作。

组群分为两个类别：基本组(私有组)和附加组(公共组)。在 Linux 系统中，创建用户账号的同时也会创建一个与用户同名的组群，该组群就是用户的基本组。每个用户都有自己的基本组且仅有一个基本组。在基本组不能满足授权要求时，就会创建附加组，用户可以属于多个附加组。

用户和用户组的对应关系有一对一、一对多、多对一和多对多，如表 4-2 所示。

表 4-2　用户和用户组的对应关系

用户和组关系	描　　述
一对一	即一个用户可以存在于一个组中，也可以是组中的唯一成员，比如 root
一对多	即一个用户可以存在于多个组中，这个用户就具有这些组的所有权限
多对一	即多个用户可以存在于一个组中，这些用户就具有这一个组的共同权限
多对多	即多个用户可以存在于多个组中，并且几个用户可以归属相同的组。多对多的关系是前面三种关系的扩展

任务 4.2　用户账号和组群配置文件

用户账号信息和组群信息分别存储在用户账号文件和组群文件中。

用户账号和组群
配置文件

4.2.1　用户的账号文件

用户的账号信息(除了密码之外)存放在/etc/passwd 配置文件中。配置文件中每行定义一个用户账号，有多少行就表示有多少个账号，在每一行中，各内容之间通过 "：" 符号划分为 7 个字段，这 7 个字段分别定义了账号的不同属性。passwd 配置文件的实际内容如下：

```
root@centos7 ~]# tail -5 /etc/passwd
tcpdump:x:72:72::/:/sbin/nologin
test:x:1000:1000:test:/home/test:/bin/bash
user01:x:1001:1001::/home/user01:/bin/bash
user02:x:1002:1002::/home/user02:/bin/bash
user03:x:1005:1005::/home/user03:/bin/bash
[root@centos7 ~]#
```

7 个字段的含义如表 4-3 所示。

表 4-3　passwd 字段的含义

字段名称	注释说明
用户名	用户登录时使用的账号名称，在系统中是唯一的，不能重名
密码占位符	存放账号口令，以 x 占位，表示密码保存在/etc/shadow 中
用户标识 UID	用户标识号
用户基本组 GID	组标识号。当添加用户时，默认情况下会同时建立一个与用户同名且 UID 和 GID 相同的组
用户注释	对账号的详细说明
用户家目录	用户家目录，用户登记首先进入的目录。root 用户家目录是/root，普通用户的家目录在/home/username 中，可自定义
用户登录 shell	当前用户登录后所使用的 shell，在 CentOS/RHEL 系统中，默认的 shell 是 bash shell

　　因为每个用户登录时都需要取得 UID 和 GID 来判断权限问题，所以/etc/passwd 的权限为 644，如以下代码所示，即所有的用户都可以读取/etc/passwd 文件，因此，如果在密码字段保存密码的话，就会带来安全问题。即使文件内的密码是加密的，但还是存在一定的被攻击破解的风险。因此，就有了 /etc/shadow 文件。

```
[root@centos7 ~]# ll /etc/passwd
-rw-r--r--. 1 root root 2059 4 月    3 10:24 /etc/passwd
```

4.2.2　用户的口令文件

　　用户经过加密之后的口令都存放在/etc/shadow 文件上。/etc/shadow 文件只对 root 用户可读，因此提升了系统的安全性。shadow 配置文件的实际内容如下：

```
[root@centos7 ~]# head -5 /etc/shadow
root:$6$Fl/dX7/AWereOLat$CB5oyxQPRctrO/prRPLVCPN0sGrVWqTRJxTdY4N9JgqVGLnHGeKc
XIivId6parLuvKkEcZ88zCrfxkWaWzZX10::0:99999:7:::
bin:*:17110:0:99999:7:::
daemon:*:17110:0:99999:7:::
adm:*:17110:0:99999:7:::
lp:*:17110:0:99999:7:::
[root@centos7 ~]#
```

　　shadow 文件保存投影加密之后的口令以及与口令相关的一系列信息，每个用户的信息在 shadow 文件中占用一行，并且用 "：" 分隔为 9 个字段。各字段的含义如表 4-4 所示。

表 4-4　shadow 文件字段说明

字段名称	注释说明
用户登录名	用户的账号名称(与/etc/passwd 保持一致)
加密后的密码	用户密码，这是加密过的口令(未设置密码表示为!!)
最后一次密码更改时间	从 1970 年 1 月 1 日到上次修改密码的天数
密码最少使用天数	密码最少使用多少天才可以更改密码，即最短口令存活期。默认值为 0，表示无限制
密码最长使用天数	密码使用多少天必须修改密码，即最长口令存活期。默认值为 99 999，表示密码永不过期
密码到期前警告天数	密码过期前多少天提醒用户更改密码(默认过期前 7 天警告)
密码到期后保持活动的天数	密码过期之后账号宽限的天数，指定天数过后，账号被锁定
账号到期时间	口令被禁用日期(从 1970 年 1 月 1 日至禁用日期时的天数)，到期后失效。默认值为空，表示一直有效
标志	保留字段，用于功能扩展

　　下面是 user01 用户的 shadow 口令信息：

```
[root@centos7 ~]# tail -1 /etc/shadow
user01:$6$gSm6Vjup$7hxu6knriIWBKvyednFklfR3Ti/qObHIgdUvtqhLQ2WZLbPn8.TY/B4I5WIFv
KmTOz8WCQJE2otGpGSMOBbE/1:18377:5:30:7:10:18383:
```

我们可以看到密码已经进行了加密。由于最后一次密码更改时间及账号到期时间表示的是在 1970 年 1 月 1 日之后的第 18 377 天修改和第 18 383 失效，因此我们无法得知具体的日期，那怎么办呢？我们可以使用 date 命令进行转换：

```
[root@centos7 ~]# date -d "1970-01-01 18377 days"
2020 年 04 月 25 日星期六 00:00:00 CST
[root@centos7 ~]# date -d "1970-01-01 18383 days"
2020 年 05 月 01 日星期五 00:00:00 CST
```

4.2.3 创建用户账号时相关的配置文件和目录

1. /etc/skel 目录

/etc/skel 目录是用来存放新用户配置文件的目录，当我们用 useradd 命令添加新用户时，Linux 系统会自动复制/etc/skel 下的所有文件(包括隐藏文件)到新添加用户的家目录。默认情况下/etc/skel 目录下的所有文件都是隐藏文件(以"."开头)。通过修改、添加、删除/etc/skel 目录下的文件，我们可为新创建的用户提供统一、标准、初始化的用户环境。

/etc/skel 目录的内容如下：

```
[root@centos7 ~]# ls -la /etc/skel
总用量 24
drwxr-xr-x.    3 root root    78 4 月     3 09:44 .
drwxr-xr-x. 132 root root 8192 4 月     26 01:06 ..
-rw-r--r--.    1 root root    18 8 月     3 2017 .bash_logout
-rw-r--r--.    1 root root   193 8 月     3 2017 .bash_profile
-rw-r--r--.    1 root root   231 8 月     3 2017 .bashrc
drwxr-xr-x.    4 root root    39 4 月     3 09:44 .mozilla
```

2. /etc/login.defs 配置文件

/etc/login.defs 配置文件用来定义创建用户时需要的一些用户配置文件。比如创建用户时，是否需要家目录、UID 和 GID 的范围、用户及密码的有效期限等。

/etc/login.defs 配置文件的内容及注释如下：

```
[root@centos7 ~]# cat /etc/login.defs |grep -v "^#" | grep -v "^$"
\\查看 login.defs 文件并过滤掉以"#"开头的注释行和空行
MAIL_DIR   /var/spool/mail   \\创建用户时，要在目录/var/spool/mail 中创建一个用户 mail 文件
PASS_MAX_DAYS   99999   \\账号密码的最长有效天数
PASS_MIN_DAYS   0       \\账号密码的最短有效天数
PASS_MIN_LEN    5       \\账号密码的最小长度
PASS_WARN_AGE   7       \\账号密码过期前提前警告的天数
UID_MIN         1000    \\用 useradd 命令创建账号时自动产生的最小 UID 值
UID_MAX         60000   \\用 useradd 命令创建账号时自动产生的最大 UID 值
SYS_UID_MIN     201     \\动态分配系统用户最小 UID 值
```

```
SYS_UID_MAX          999           \\动态分配系统用户最大 UID 值
GID_MIN              1000          \\用 groupadd 命令创建账号时自动产生的最小 GID 值
GID_MAX              60000         \\用 groupadd 命令创建账号时自动产生的最大 GID 值
SYS_GID_MIN          201           \\动态分配系统用户最小 GID 值
SYS_GID_MAX          999           \\动态分配系统用户最大 GID 值
CREATE_HOME yes                    \\创建用户账号时是否为用户创建家目录
UMASK                077
USERGROUPS_ENAB yes                \\删除用户的同时删除用户组
ENCRYPT_METHOD SHA512              \\SHA512 密码加密
```

3. /etc/default/useradd 配置文件

/etc/default/useradd 配置文件也是在使用 useradd 添加用户时需要调用的一个默认的配置文件。

/etc/default/useradd 配置文件的内容及注释如下：

```
[root@centos7 ~]# cat /etc/default/useradd
# useradd defaults file
GROUP=100                 \\如果 useradd 没有指定组，并且/etc/login.defs 中的 USERGROUPS_
ENAB 为 no 或者 useradd 使用了-N 选项，则该参数生效。创建用户时使用此组 ID
HOME=/home                \\把用户的家目录建在/home 中
INACTIVE=-1               \\是否启动账号过期停权，-1 表示不启用
EXPIRE=                   \\账号终止日期，不设置表示不启用
SHELL=/bin/bash           \\新用户默认所用的 shell 类型
SKEL=/etc/skel            \\配置新用户家目录的默认文件存放路径。前面提到的/etc/skel 就是
在这里生效的，即当我们用 useradd 添加时用户家目录的文件都是从这里配置的目录中复制过去的
CREATE_MAIL_SPOOL=yes     \\创建 mail 文件
```

4.2.4 /etc/group 文件

/etc/group 文件用于存放用户的组账号信息。对于该文件的内容，任何用户都可以读取。每个组账号在 group 文件中占用一行，并且用"："分隔为 4 个字段。各字段的含义如表 4-5 所示。

表 4-5 group 文件字段说明

字段名称	注释说明
组群名称	用户组的名称，与/etc/passwd 中的用户名一致，组名也不能重复
组群口令	口令占位符，以"x"表示。加密后的组密码默认保存在/etc/gshadow 文件中
GID	组群的 ID 号，Linux 系统就是通过 GID 来区分用户组的，与/etc/passwd 文件中第 4 个字段的 GID 相对应
组群成员列表	组群包含的用户，各用户之间使用","分隔

group 配置文件的实际内容如下:

```
[root@centos7 ~]# tail -5 /etc/group
tcpdump:x:72:
test:x:1000:user02,user03
user01:x:1001:
user02:x:1002:
user03:x:1005:
[root@centos7 ~]#
```

注：如果该用户组是这个用户的基本组，则该用户不会显示在组群成员列表中。换句话说，组群成员列表显示的用户都是这个用户组的附加用户。

例如，通过以上 group 的内容可知，test 组的组信息为 test:x:1000:user02,user03。可以看到，用户列表上并没有 test 这个用户，这是因为 test 组是 test 用户的基本组。一般情况下，用户的基本组就是在建立用户的同时建立的和用户名相同的组。通过查询 etc/passwd 文件查看 GID(第四个字段)，然后到/etc/group 文件中比对可知用户的基本组组名。

每个用户都可以加入多个附加组，但是只能属于一个基本组。所以我们在实际工作中如果需要把用户加入其他组，则应以附加组的形式添加。

4.2.5 /etc/gshadow 文件

/etc/gshadow 文件用于存放组群的加密口令、组管理员等信息，该文件只有 root 用户可以读取。每个组群账号在 gshadow 文件中占用一行，并以 ":" 分隔为 4 个字段。各字段的含义如表 4-6 所示。

表 4-6 gshadow 文件字段说明

字段名称	注释说明
组群名称	与/etc/group 文件中的组名相对应
加密后的组群口令	对于大多数用户来说，通常不设置组密码，因此该字段常为空，但有时为 "!"，表示该群组没有组密码，也不设有群组管理员
组群管理员	拥有将用户加入组群权限的用户
组群成员列表	用户组中有哪些附加用户和/etc/group 文件中附加组显示的内容相同

gshadow 配置文件实际内容如下:

```
[root@centos7 ~]# tail -5 /etc/gshadow
tcpdump:!::
test:!::user02,user03
user01:!::
user02:!::
user03:!::
[root@centos7 ~]#
```

任务 4.3　　图形界面用户管理器

为了让初学者更容易理解和管理用户和组，先讲解如何使用图形界面用户管理器来管理用户和组。

Linux 7 之后图形界面用户管理器默认是没有安装的，我们需要使用 YUM 程序手动安装 system-config-users 工具。

图形界面用户
管理器

4.3.1　安装 system-config-users 工具

(1) 检查是否安装 system-config-users。

使用 rpm 命令查询系统是否已经安装 system-config-users，若查询结果无任何提示，则表示 system-config-users 工具没有被安装，代码如下：

```
[root@centos7 ~]# rpm -qa|grep system-config-users
```

(2) 使用 YUM 命令安装 system-config-users 工具。

① 配置虚拟机 CD/DVD 光驱连接形式，选择"使用 ISO 映像文件"，加载 Linux 安装系统 ISO 映像，如图 4-1 所示。

图 4-1　CD/DVD 设置

② 使用 mount 命令挂载 ISO 安装镜像到指定目录，代码如下：

```
[root@centos7 ~]# mkdir /media/cdrom              \\创建挂载点
[root@centos7 ~]# mount /dev/cdrom /media/cdrom/  \\使用 mount 命令挂载
mount: /dev/sr0 写保护，将以只读方式挂载
[root@centos7 ~]#
```

③ 使用 vim 创建 YUM 本地源文件，代码如下：

[root@centos7 ~]# **vim /etc/yum.repos.d/cdrom.repo**   \\创建本地源文件

cdrom.repo 配置文件的内容如下所示：

```
[cdrom]
name=cdrom
baseurl=file:///media/cdrom
gpgcheck=0
enabled=1
```

注：YUM 源文件可以任意起名，但最后一定是以 ".repo" 结尾，为了避免出错，在创建本地 YUM 源文件之前，可以切换到/etc/yum.repos.d/目录下使用命令 rm -f *把系统自带的 YUM 源文件先删除，再创建 cdrom.repo 源文件。

④ 使用 yum 命令查看 system-config-users 软件包的信息，如图 4-2 所示。

[root@centos7 yum.repos.d]# **yum info system-config-users**

```
[root@centos7 yum.repos.d] # yum info system-config-users
已加载插件 : fastestmirror, langpacks
Loading mirror speeds from cached hostfile
可安装的软件包
名称        : system-config-users
架构        : noarch
版本        : 1.3.5
发布        : 2.el7
大小        : 337 k
源     : cdrom
简介        : A graphical interface for administering users and groups
网址        : http://fedorahosted.org/system-config-users
协议        : GPLv2+
描述        : system-config-users is a graphical utility for administrating
            : users and groups.  It depends on the libuser library.
```

图 4-2　system-config-users 软件包信息

⑤ 使用 yum 命令安装 system-config-users 管理工具。

正常安装完成后，最后的提示信息如下：

[root@centos7 yum.repos.d]# **yum -y install system-config-users**   \\使用 yum 安装用户图形
管理工具

```
...(省略部分)
已安装:
    system-config-users.noarch 0:1.3.5-2.el7
作为依赖被安装:
    rarian.x86_64 0:0.8.1-11.el7
    rarian-compat.x86_64 0:0.8.1-11.el7
    system-config-users-docs.noarch 0:1.0.9-6.el7
完毕!
```

⑥ 所有软件包安装完毕后，可以使用 rpm 命令再一次进行查询，出现如下信息，表示安装成功。

```
[root@centos7 yum.repos.d]# rpm -qa|grep system-config-users
system-config-users-1.3.5-2.el7.noarch
system-config-users-docs-1.0.9-6.el7.noarch
[root@centos7 yum.repos.d]#
```

4.3.2　使用用户管理器

在终端下输入命令：system-config-users 将会打开如图 4-3 所示的"用户管理器"。

图 4-3　用户管理器

1. 设置首选项

选择"编辑"→"首选项"菜单，可以对"首选项"进行设置，包括是否隐藏系统用户和对新建用户自动分配 UID 和 GID 号，如图 4-4 所示。

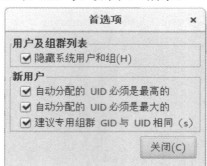

图 4-4　"首选项"设置界面

2. 添加用户

单击工具栏"添加用户"按钮，将弹出"添加新用户"对话框，根据对话框提示输入相应内容，最后单击【确定】按钮添加新用户，如图 4-5 所示。

图 4-5　"添加新用户"界面

　　如果不想让创建的新用户登录系统，我们可以把"登录 shell"更改成"/usr/sbin/nologin"选项。我们也可以选择"手动指定用户 ID"和"手动指定组群 ID"，指定该用户的 UID 号和 GID 号。但要注意，在系统中 UID 和 GID 是唯一的。

　　如果我们输入的是弱密码，则在单击"确定"按钮之后会提示密码太差提示，单击"是"按钮，强制使用即可。

　　此时，我们查看/etc/passwd 文件将发现 user04 用户已经创建。代码如下：

```
[root@centos7 yum.repos.d]# tail -1 /etc/passwd
user04:x:1006:1006:test user04:/home/user04:/bin/bash        \\新建用户记录
```

3. 用户属性

　　选择相应的用户，然后单击工具栏"属性"按钮，将弹出"用户属性"对话框，我们可以修改用户信息、设置账号过期日期、设置密码信息、添加附加组等内容，如图 4-6～4-9 所示。

图 4-6　修改用户数据界面　　　　　　　图 4-7　设置账号过期界面

　　注：通过更改登录 Shell 为 nologin 可禁止用户登录系统，通过勾选"本地密码被锁"禁止账号启用。

　　图 4-8　设置用户密码选项　　　　　　　　　　图 4-9　账号组群信息

　　注：通过勾选对应的组群，可以把用户加入勾选的组群中。

4. 删除用户

　　在用户管理器中，选择对应的用户，单击"删除"按钮，将弹出删除确认对话框，勾选"删除 user04 的主目录"，则在删除用户时将该用户的家目录及邮件目录等内容一并删除，如图 4-10 所示。

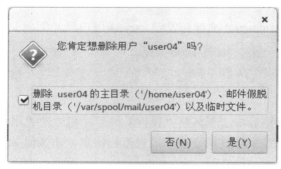

图 4-10　删除用户确认对话框

5. 添加组群

　　单击"添加组群"按钮，在弹出的"添加新组群"对话框中输入组群名，GID 号可以系统按顺序生成，也可勾选手动指定，如图 4-11 所示。

图 4-11　添加新组群界面

6. 更改及添加组群用户

选择组群标签，选择需要设置的组群单击"属性"按钮，将弹出"组群属性"对话框，在组群数据标签中可以更改组群名称，在组群用户标签中勾选对应的用户向该组群中添加用户，如图 4-12、图 4-13 所示。

图 4-12　组群数据标签

图 4-13　组群用户标签

任务 4.4　使用命令管理用户账号

4.4.1　新建用户

命令格式：useradd 或 adduser　[选项]　用户名

用户账号管理命令

命令功能：useradd 或 adduser 命令用来建立用户账号和创建用户的家目录，使用权限是超级用户。

useradd 或 adduser 常用选项如表 4-7 所示。

表 4-7　useradd 或 adduser 常用选项

选　项	功　　能
-p	设置用户密码。注意：-p 后面需要输入的密码是加密过的密码
-u	指定用户的 UID 号。该值在系统中必须是唯一的。CentOS 7 版本之后，0～999 默认是保留给系统用户账号使用的，所以该值必须大于 999
-g	指定用户所属的基本组，该值可以是组名也可以是 GID 号，并且该用户组必须是已经存在的。如果不指定，则系统会创建跟用户名相同的基本组
-G	指定用户所属的附加组。附加组事先必须存在
-c	加上备注文字，备注文字保存在 passwd 的备注栏中
-d	指定用户登录时的主目录，替换系统默认值/home/<用户名>
-s	指定用户登录后所使用的 shell。默认值为/bin/bash

选　项	功　　能
-e	指定账号的失效日期,日期格式为 YYYY-MM-DD,例如 2020-04-28。缺省表示永久有效
-f	指定在密码过期后多少天即关闭该账号。如果为 0,则账号立即被停用;如果为-1,则账号一直可用。默认值为-1
-m	若用户主目录不存在则创建它
-M	不要自动建立用户的主目录
-n	取消建立以用户名称为名的基本组
-r	创建 UID 小于 1000 的不带主目录的系统账号

例如:

(1) 创建用户 user05。

代码如下:

```
[root@centos7 ~]# useradd user05
```

通过 useradd 命令创建用户 user05,系统会完成以下几项操作:

① 在/etc/passwd 文件中创建一行与 user05 用户相关的数据。

代码如下:

```
[root@centos7 ~]# tail -1 /etc/passwd
user05:x:1007:1007::/home/user05:/bin/bash
```

如果是第一个普通用户,则用户的 UID 是从 1000 开始计算,后面普通用户顺序递增。同时默认指定了用户的家目录为/home/user05,用户的登录 shell 为/bin/bash。

② 在/etc/shadow 文件中新增一行与 user05 用户密码相关的数据。

代码如下:

```
[root@centos7 ~]# tail -1 /etc/shadow
user05:!!:18382:0:99999:7:::
```

由于 user05 用户还没有设置密码,所以密码字段是"!!",代表该用户没有合理密码,不能正常登录。同时会按照默认值设定时间字段,例如密码有效期为 99 999 天,距离密码过期提前 7 天提示等(详见 4.2.3 节)。

③ 在/etc/group 文件中创建一行与用户名相同的组群,并且该组群将作为新建用户的基本组。

代码如下:

```
[root@centos7 ~]# tail -1 /etc/group
user05:x:1007:
```

④ 在/etc/gshadow 文件中新增一行与新增组群相关的密码信息。

代码如下:

```
[root@centos7 ~]# tail -1 /etc/gshadow
user05:!::
```

默认情况下没有设定组密码，也没有设置组管理员。

⑤ 默认创建用户的家目录和邮箱。

代码如下：

```
[root@centos7 mail]# ll -d /home/user05;ll /var/spool/mail/user05
drwx------. 3 user05 user05 78 5 月      1 02:10 /home/user05
-rw-rw----. 1 user05 mail 0 5 月      1 02:10 /var/spool/mail/user05
```

⑥ 将/etc/skel 目录中的配置文件复制到新用户的家目录中。

代码如下：

```
[root@centos7 mail]# ls -a /home/user05
.    ..    .bash_logout    .bash_profile    .bashrc    .mozilla
```

(2) 创建用户账号 user06，并设置 UID 为 2000，主目录为/usr/user06，基本组为 test 组群(test 组必须先创建)。

代码如下：

```
[root@centos7 mail]# useradd -u 2000 -d /usr/user06 -g test -m user06
[root@centos7 mail]# tail -1 /etc/passwd
user06:x:2000:1user000::/usr/user06:/bin/bash
```

(3) 创建用户 user08，设置基本组为 test，且同时让它也属于 user05 组。

代码如下：

```
[root@centos7 ~]# useradd -g test -G user05 user08
```

(4) 创建用户 user09，设置其无法使用 shell(相当于无法登录系统)。

代码如下：

```
[root@centos7 ~]# useradd -s /sbin/nologin user09
```

(5) 创建用户 user07，设置密码为 123456。

代码如下：

```
[root@centos7 ~]# tail -1 /etc/shadow
user06:$6$BYTJsQWd$niEZS1yasRXgycgilkYQhCxGvWy4uckMgWGmEI/O22mJ1Fj7zkxNE4jMZ
eo2XeDwSp8o7E2DiT5dR5GLfTPZU1:18383:0:99999:7:::
[root@centos7  ~]#  useradd  -p  '$6$BYTJsQWd$niEZS1yasRXgycgilkYQhCxGvWy4uckMg
WGmEI/O22mJ1Fj7zkxNE4jMZeo2XeDwSp8o7E2DiT5dR5GLfTPZU1' user07
```

注：user06 用户的明文密码是 123456，因此，我们在使用 useradd -p 命令的时候，把 user06 加密的口令复制过去(注意需要使用单引号)，则创建的用户 user07 的口令也是 123456。可见使用这种方式设置用户的口令很不方便，因此，我们通常使用 passwd 命令来设置用户口令。

4.4.2　设置用户密码

命令格式：passwd　[选项]　[用户名]

命令功能：用于指定和修改用户密码。超级用户可以为自己和其他用户设置密码，而普通用户只能为自己设置密码。

passwd 常用选项如表 4-8 所示。

表 4-8　passwd 常用选项

选　　项	功　　能
-S	查询用户密码的状态，也就是/etc/shadow 文件中此用户密码的内容。仅 root 用户可用
-l	暂时锁定用户，禁止登录。该选项会在/etc/shadow 文件中指定用户的加密口令前添加"!!"，使密码失效。仅 root 用户可用
-u	解锁用户，和"−l"选项相对应，仅 root 用户可用
-n 天数	设置用户密码的最短存活期，为零代表任何时候都可以更改密码，对应/etc/shadow 文件的第 4 个字段
-x 天数	设置用户口令的最长存活期，对应/etc/shadow 文件的第 5 个字段
-w 天数	设置用户密码过期前的警告天数，对应/etc/shadow 文件的第 6 个字段
-i 天数	设置用户口令失效后，多少天停用账号，对应/etc/shadow 文件的第 7 个字段
–stdin	可以将通过管道符输出的数据作为用户的密码。主要在批量添加用户时使用

例如：

(1) 设置用户 user05 的口令。

代码如下：

```
[root@centos7 ~]# passwd user05
更改用户 user05 的密码
新的密码：                        \\输入新的密码，此时输入的密码不回显
无效的密码：密码少于 8 个字符       \\由于输入的是弱密码 123456，无法通过字典检查，所以
有此提示，无须理会，二次确认密码即可
重新输入新的密码：
passwd：所有的身份验证令牌已经成功更新
[root@centos7 ~]#
```

注：普通用户如果想更改自己的密码，直接运行 passwd 即可。

(2) 查询用户 user06 的密码状态。

代码如下：

```
[root@centos7 ~]# passwd -S user06
user06 PS 2020-05-01 0 99999 7 -1 (密码已设置，使用 SHA512 算法。)
```

(3) 锁定用户 user05，禁止登录。

代码如下：

```
[root@centos7 ~]# passwd -l user05
锁定用户 user05 的密码
passwd: 操作成功
[root@centos7 ~]# cat /etc/shadow|grep user05
user05:!!$6$GZsFrM1F$McpWS7y1f3VIzHicJ5ftHeUbG8HkmTFZE3ZmbqiCtnaVFcGeXGUvZV3E
J.0QSbMRaOpRKM/.LqlG0LBxhk33h0:18383:0:99999:7:::
[root@centos7 ~]#
```

(4) 解锁用户 user05。

代码如下：

```
[root@centos7 ~]# passwd -u user05
解锁用户 user05 的密码
passwd: 操作成功
[root@centos7 ~]# cat /etc/shadow|grep user05
user05:$6$GZsFrM1F$McpWS7y1f3VIzHicJ5ftHeUbG8HkmTFZE3ZmbqiCtnaVFcGeXGUvZV3EJ.
0QSbMRaOpRKM/.LqlG0LBxhk33h0:18383:0:99999:7:::
[root@centos7 ~]#
```

(5) 设置用户 user05 口令的最短存活期为 5 天、最长存活期为 30 天、口令过期前 10 天警告、口令到期后 15 天失效。

代码如下：

```
[root@centos7 ~]# cat /etc/shadow|grep user05
user05:$6$GZsFrM1F$McpWS7y1f3VIzHicJ5ftHeUbG8HkmTFZE3ZmbqiCtnaVFcGeXGUvZV3EJ.
0QSbMRaOpRKM/.LqlG0LBxhk33h0:18383:0:99999:7:::
[root@centos7 ~]# passwd -n 5 -x 30 -w 10 -i 15 user05
调整用户密码老化数据 user05
passwd: 操作成功
[root@centos7 ~]# cat /etc/shadow|grep user05
user05:$6$GZsFrM1F$McpWS7y1f3VIzHicJ5ftHeUbG8HkmTFZE3ZmbqiCtnaVFcGeXGUvZV3EJ.
0QSbMRaOpRKM/.LqlG0LBxhk33h0:18383:5:30:10:15::
[root@centos7 ~]#
```

4.4.3　修改用户密码有效期限

命令格式：chage　[选项]　用户名

命令功能：用于指定和修改用户口令。超级用户可以为自己和其他用户设置口令，而普通用户只能为自己设置口令。

chage 常用选项如表 4-9 所示。

表 4-9　chage 常用选项

选　项	功　　能
-d	指定密码最后修改日期，对应/etc/shadow 文件的第 3 个字段
-m 天数	设置用户密码的最短存活期，为零代表任何时候都可以更改密码，对应/etc/shadow 文件的第 4 个字段
-M 天数	设置用户口令的最长存活期，对应/etc/shadow 文件的第 5 个字段
-W 天数	设置用户密码过期前的警告天数，对应/etc/shadow 文件的第 6 个字段
-I 天数	设置用户口令失效后，多少天停用账号，对应/etc/shadow 文件的第 7 个字段。(I 为 i 的大写字母)，0 表示马上过期，−1 表示永不过期(默认值)
-E 日期	密码到期的日期，过了这天，此账号将不可用。日期格式为 YYYY-MM-DD
-l	列出用户以及密码的有效期(l 为 L 的小写字母)
-h	显示帮助信息并退出

例如：

设置用户 user05 的最短口令存活期为 6 天，最长口令存活期为 60 天，口令到期提前 5 天提醒用户更改口令，口令到期 15 天后失效，口令失效日期为 2020 年 9 月 1 日。

代码如下：

```
[root@centos7 ~]# chage -m 6 -M 60 -W 5 -I 15 -E 2020-09-01 user05
[root@centos7 ~]# chage -l user05
最近一次密码修改时间                    ：5 月 01, 2020
密码过期时间                            ：6 月 30, 2020
密码失效时间                            ：7 月 15, 2020
账号过期时间                            ：9 月 01, 2020
两次改变密码之间相距的最小天数          ：6
两次改变密码之间相距的最大天数          ：60
在密码过期之前警告的天数                ：5
[root@centos7 ~]#
```

4.4.4　修改用户账号属性

命令格式：usermod　[选项]　用户名

命令功能：用于修改用户账号的各项属性。

usermod 常用选项如表 4-10 所示。

表 4-10　usermod 常用选项

选　项	功　　能
-a	把用户追加到某些组中，仅与-G 选项一起使用
-c	填写用户账号的备注信息，对应/etc/passwd 文件的第 5 个字段
-d	修改用户的家目录，通常和-m 选项一起使用
-m	将家目录内容移至新位置(仅与-d 选项一起使用)
-e	密码到期的日期，过了这天，此账号将不可用。日期格式为 YYYY-MM-DD
-f	设置用户口令失效后，多少天停用账号，对应/etc/shadow 文件的第 7 个字段。0 表示马上过期，-1 表示永不过期(默认值)
-u	修改用户的 UID 值，该 UID 值必须唯一
-g	修改用户的 GID 值，修改的用户组一定存在
-G	变更用户附加组，或与-a 选项一起使用，把用户追加到其他附加组中
-l	修改用户的登录名称
-s	修改用户的登录 shell
-L	锁定用户的密码，禁止用户登录
-U	解锁用户的密码

例如：

(1) 变更用户 user05 的附加组为 test 组。

代码如下：

```
[root@centos7 ~]# id user05                  \\查看用户的基本组、附加组
uid=1007(user05) gid=1007(user05)  组=1007(user05),2000(group01),2003(group02)
[root@centos7 ~]# usermod -G test user05
[root@centos7 ~]# id user05
uid=1007(user05) gid=1007(user05)  组=1007(user05),1000(test)
\\-G 选项是将用户 user05 添加到 test 组群中，并且把之前所有的附加组都覆盖
```

(2) 把用户 user05 追加到 test 组中。

代码如下：

```
[root@centos7 ~]# id user05                  \\重新添加 group01、group02 附加组
uid=1007(user05) gid=1007(user05)  组=1007(user05),2000(group01),2003(group02)
[root@centos7 ~]# usermod -aG test user05
[root@centos7 ~]# id user05
uid=1007(user05) gid=1007(user05)  组=1007(user05),1000(test),2000(group01),2003(group02)
\\-a、-G 一起使用就是追加 test 组群作为用户 user05 的附加组，并且不覆盖原有的附加组
```

(3) 修改用户 user05 的基本组为 group03。

代码如下：

```
[root@centos7 ~]# id user05
```

```
uid=1007(user05) gid=1007(user05) 组=1007(user05),1000(test),2000(group01),2003(group02)
[root@centos7 ~]# usermod -g group03 user05
[root@centos7 ~]# id user05
uid=1007(user05) gid=2004(group03) 组=2004(group03),1000(test),2000(group01),2003(group02)
```

(4) 修改用户 user05 的 UID 为 3000，注意修改过的 UID 值必须是未被使用的。
代码如下：

```
[root@centos7 ~]# id user05
uid=1007(user05) gid=2004(group03) 组=2004(group03),1000(test),2000(group01),2003(group02)
[root@centos7 ~]# usermod -u 3000 user05
[root@centos7 ~]# id user05
uid=3000(user05) gid=2004(group03) 组=2004(group03),1000(test),2000(group01),2003(group02)
```

(5) 修改用户 user05 的家目录为/var/user05，并且把原家目录的内容移动到新的家目录中，把登录 shell 修改为/sbin/nologin。
代码如下：

```
[root@centos7 ~]# cat /etc/passwd|grep user05
user05:x:3000:2004::/home/user05:/bin/bash
[root@centos7 ~]# usermod -md /var/user05 -s /sbin/nologin user05
[root@centos7 ~]# ls -a /var/user05/
.  ..  .bash_logout  .bash_profile  .bashrc  .mozilla
[root@centos7 ~]# cat /etc/passwd|grep user05
user05:x:3000:2004::/var/user05:/sbin/nologin
```

注：-m 选项必须与-d 选项一起使用，并且顺序必须为-md，如果只变更用户的家目录，则新的家目录必须先存在，使用-d 选项即可；如需把旧的家目录内容迁移到新的家目录，则新的家目录不要先创建，使用-md 选项。

4.4.5　禁止和恢复用户账号

有时需要临时禁用一个用户账号而不删除它，可以通过 passwd 命令、usermod 命令和修改/etc/shadow 文件三种方法来实现。

1. 使用 passwd 命令

使用 passwd 命令，其代码如下：

```
[root@centos7 ~]# passwd -l user05
锁定用户 user05 的密码
passwd: 操作成功
[root@centos7 ~]# cat /etc/shadow|grep user05
user05:!!$6$GZsFrM1F$McpWS7y1f3VIzHicJ5ftHeUbG8HkmTFZE3ZmbqiCtnaVFcGeXGUvZV3E
J.0QSbMRaOpRKM/.LqlG0LBxhk33h0:18383:6:60:5:15:18506:
[root@centos7 ~]# passwd -u user05
```

解锁用户 user05 的密码

passwd：操作成功

[root@centos7 ~]# **cat /etc/shadow|grep user05**

user05:6GZsFrM1F$McpWS7y1f3VIzHicJ5ftHeUbG8HkmTFZE3ZmbqiCtnaVFcGeXGUvZV3EJ.0QSbMRaOpRKM/.LqlG0LBxhk33h0:18383:6:60:5:15:18506:

　　\\通过对比可以看到使用 passwd 命令禁用用户账号其实就是在/etc/shadow 文件中用户所对应的行的加密口令前添加了 "!!" 符号

2. 使用 usermod 命令

使用 usermod 命令，其代码如下：

[root@centos7 ~]# **usermod -L user05**

[root@centos7 ~]# **cat /etc/shadow|grep user05**

user05:!6GZsFrM1F$McpWS7y1f3VIzHicJ5ftHeUbG8HkmTFZE3ZmbqiCtnaVFcGeXGUvZV3EJ.0QSbMRaOpRKM/.LqlG0LBxhk33h0:18383:6:60:5:15:18506:

[root@centos7 ~]# **usermod -U user05**

[root@centos7 ~]# **cat /etc/shadow|grep user05**

user05:6GZsFrM1F$McpWS7y1f3VIzHicJ5ftHeUbG8HkmTFZE3ZmbqiCtnaVFcGeXGUvZV3EJ.0QSbMRaOpRKM/.LqlG0LBxhk33h0:18383:6:60:5:15:18506:

　　\\通过对比可以看到使用 passwd 命令禁用用户账号其实就是在/etc/shadow 文件中用户所对应的行的加密口令前添加了 "!" 符号

3. 直接修改/etc/shadow 文件

通过以上操作可知，我们也可以直接在/etc/shadow 文件中用户所对应的行的加密口令前添加 "!!" "!" 符号以达到禁用用户账户的目的，在需要恢复时只要删除对应的符号即可。

4. 禁止用户登录

如果只是禁止用户登录而不是禁用用户，则可以把其登录 shell 更改为/sbin/nologin 即可。

4.4.6　删除用户账号

命令格式：userdel　[选项]　用户名

命令功能：用于删除给定的用户及与用户相关的文件。若不加选项，则仅删除用户账号，而不删除相关文件。

userdel 常用选项如表 4-11 所示。

表 4-11　userdel 常用选项

选　　项	功　　能
-r	删除用户的同时删除与用户相关的所有文件
-f	强制删除用户，即使用户当前已登录

例如：

> [root@centos7 ~]# **userdel user05**　　　　\\删除用户 user05，但不删除其家目录及文件
>
> [root@centos7 ~]# **userdel -r user06**　　　\\删除用户 user06，其家目录及文件一并删除

注：请不要轻易用-r 选项，他会删除用户的同时删除用户所有的文件和目录。切记如果用户目录下有重要的文件，在删除前请备份。

任务 4.5　管 理 组 群

4.5.1　新建组群

命令格式：groupadd　[选项]　组名

命令功能：用于创建新的组群。

groupadd 常用选项如表 4-12 所示。

组群管理命令

表 4-12　groupadd 常用选项

选　项	功　能
-g	指定用户组的 GID 值，该值必须唯一

例如：

> [root@centos7 ~]# **groupadd -g 3000 testgroup**
>
> \\新建 GID 值为 3000 的用户组 testgroup

4.5.2　修改用户组

命令格式：groupmod　[选项]　组名

命令功能：用于修改用户组的相关信息。

groupmod 常用选项如表 4-13 所示。

表 4-13　groupmod 常用选项

选　项	功　能
-g	修改用户组的 GID 值
-n	修改用户组的组名

例如：

> [root@centos7 ~]# **cat /etc/group|grep testgroup**
>
> testgroup:x:3000:
>
> [root@centos7 ~]# **groupmod -g 4000 -n newgroupname testgroup**
>
> [root@centos7 ~]# **cat /etc/group|grep newgrou**
>
> newgroupname:x:4000:
>
> \\把 testgroup 组的 GID 值修改为 4000，组名修改为 newgroupname

4.5.3 添加/删除组用户

命令格式：gpasswd ［选项］ ［用户名］ ［组名］
命令功能：用于修改用户组的相关信息。
gpasswd 常用选项如表 4-14 所示。

表 4-14 gpasswd 常用选项

选 项	功 能
-a	添加用户到组
-d	从组中删除用户
-A	指定管理员
-r	删除组密码

例如：

```
[root@centos7 ~]# gpasswd -a user01 group01        \\把 user01 添加到 group01 组
正在将用户"user01"加入到"group01"组中
[root@centos7 ~]# gpasswd -d user01 group01        \\把 user01 从 group01 组中删除
正在将用户"user01"从"group01"组中删除
```

任务 4.6 切换用户身份

切换用户身份

日常操作中为了避免一些误操作，更加安全地管理系统，通常使用的
用户身份都为普通用户，而非 root 超级用户。当需要执行一些管理员命令
操作时，再切换成 root 用户身份去执行。普通用户切换到 root 用户的方式有 su 和 sudo。

4.6.1 使用 su 切换用户身份

命令格式：su ［选项］ ［用户名］
命令功能：用于切换成不同的用户身份并可临时拥有所切换用户的权限。普通用户切
换成超级用户或其他普通用户时，切换时需输入欲切换用户的密码，超级用户切换为普通用
户时，无须输入欲切换用户的密码。默认只是切换身份，不切换环境变量，环境变量依然是
原用户的。使用 su 命令切换用户后，可以用 exit 命令或快捷键 Ctrl+D 返回原登录用户。
su 常用选项如表 4-15 所示。

表 4-15 su 常用选项

选 项	功 能
-	切换身份成为 root，且使用 root 的环境设置参数文件，如/root/.bash_profile 等
-l	切换用户身份者的所有相关环境设置文件
-m/-p	使用当前环境设置，而不重新读取新用户的设置文件
-c command	切换用户身份并执行命令(command)后再变回原来的用户

例如：

```
[test@centos7 ~]$ whoami              \\查看当前登录用户身份
test
[test@centos7 ~]$ echo $PATH          \\查看当前环境变量
/usr/local/bin:/usr/local/sbin:/usr/bin:/usr/sbin:/bin:/sbin:/home/test/.local/bin:/home/test/bin
[test@centos7 ~]$ su root             \\使用 su 命令切换到 root 用户
密码：                                \\输入 root 用户密码
[root@centos7 test]# echo $PATH       \\查看当前环境变量，可看出环境变量没有变化
/usr/local/bin:/usr/local/sbin:/usr/bin:/usr/sbin:/bin:/sbin:/home/test/.local/bin:/home/test/bin
[root@centos7 test]# exit             \\退出返回原用户 test
[test@centos7 ~]$ su -                \\使用 su-命令切换到 root 用户
密码：
上一次登录：二 5 月  5 02:18:38 CST 2020pts/0 上
[root@centos7 ~]# echo $PATH          \\查看当前环境变量，可看出环境变量已经变成 root 用户
的环境变量
/usr/local/sbin:/usr/local/bin:/sbin:/bin:/usr/sbin:/usr/bin:/root/bin
[root@centos7 ~]# exit
[test@centos7 ~]$ su - root -c ls /root  \\切换到 root 用户并执行 ls 命令，执行完命令随后退出返
回原用户
密码：
anaconda-ks.cfg  initial-setup-ks.cfg  test.txt  模板  图片  下载  桌面
file2         test        公共  视频  文档  音乐
[test@centos7 ~]$
```

4.6.2　使用 sudo 命令

由于 su 命令对切换到超级用户 root 后，权限的无限制性，以及需要告知 root 账号密码，这样会带来安全隐患，为了提高安全性，我们可以使用 sudo 来执行需要 root 权限的功能。

sudo 由 root 指定，指定后用户只需输入自己账号的密码就能申请到 root 权限，而无须告诉任何人 root 密码，提高了系统的安全性。因此，sudo 也被称为受限制的 su。另外 sudo 是需要授权许可的，所以也被称为授权许可的 su。

sudo 执行命令的流程是当前用户切换到 root 用户，然后以 root 身份执行命令，执行完成后，直接退回到当前用户，而这些的前提是要通过 sudo 的配置文件/etc/sudoers 来进行授权。默认只有 root 用户能使用 sudo 命令，普通用户想要使用 sudo，需要 root 用户通过使用 visudo 命令编辑 sudo 的配置文件/etc/sudoers，进行授权普通用户才能执行 sudo 命令。

例如：

```
[test@centos7 ~]$ whoami
test
[test@centos7 ~]$ sudo ls /root        \\普通用户 test 使用 sudo 命令查看/root 目录，提示 test
[sudo] test 的密码：
test 不在 sudoers 文件中。此事将被报告
```

由于没有在/etc/sudoers 配置文件中对普通用户授权，普通用户 test 无法使用 sudo 命令。所以我们需要编辑 sudoers 配置文件。为了防止语法出错，一般使用 visudo 命令来编辑。输入 visudo 打开配置文件，找到授权行，代码如下：

```
## Allow root to run any commands anywhere
root      ALL=(ALL)       ALL
```

授权规则如下：

授权用户 主机=(可切换的用户)   命令动作

因此，我们只需要在 root 授权行下面添加对 test 用户的授权即可，代码如下：

```
test      ALL=(ALL)       ALL
```

重新使用 test 用户进行 sudo 操作，代码如下：

```
[test@centos7 ~]$ whoami
test
[test@centos7 ~]$ sudo ls /root
[sudo] test 的密码：
anaconda-ks.cfg    file2            test    公共  视频  文档  音乐
file01        initial-setup-ks.cfg  test.txt  模板  图片  下载  桌面
[test@centos7 ~]$
```

此时，普通用户已经可以使用 sudo 命令访问/root 目录了。

先前的用户在执行 sudo 命令后都需要输入自己的密码，然而对于一些十分信任的用户，我们可以开启 sudo 免密功能，代码如下：

```
test      ALL=(ALL)       NOPASSWD:ALL
```

此时，test 用户再使用 sudo 命令就不再需要输入自己的密码了。

有时为了方便做实验，我们希望所有的普通用户都可以使用 sudo 命令，则可以把授权语句改成如下代码：

```
ALL       ALL=(ALL)       NOPASSWD:ALL
```

通过配置也可以限制 sudo 操作，代码如下：

(1) 限制可切换的用户范围，如只允许 test 用户能 sudo 至 root。

```
test      ALL=(root)      NOPASSWD:ALL
```

(2) 限制用户能执行的操作，如只允许 test 用户执行命令/usr/bin/passwd。

```
test      ALL=(root)      NOPASSWD:/usr/bin/passwd
```

实训　管理用户和组

1. 实训目的
(1) 掌握用户管理器的使用方法。
(2) 掌握使用命令管理用户账号。
(3) 掌握使用命令管理组群。
(4) 掌握用户切换方法。

2. 实训内容
(1) 安装用户管理器(system-config-users)。
(2) 使用用户管理器添加用户和组群。

添加两个用户 user01 和 user02。

其中，user01 设置如下：

全称：test user01；密码：123456；登录 shell：默认；主目录：默认；手动指定用户 ID：2000；手动指定组群 ID：3000。

账号信息设置如下：

账号过期日期：2022 年 12 月 1 日；密码能更换最短天数：2 天，需要更换的天数：30 天；警告天数：7 天；被禁用天数：10 天。

user02 设置使用默认值。

(3) 添加两个组群。

组群一为 group01(GID：4000)；组群二为 group02(GID：默认)，并且把 user01 和 user02 加入 group01 组群中。

(4) 使用命令添加两个用户 user03 和 user04。

其中，user03 设置如下：

全称：test user03；登录 shell：/bin/bash；UID：5000；附属组群：group02。

user04 设置如下：

登录 shell：/sbin/nologin；UID：6000；附属组群：group01。

(5) 使用命令设置 user03 用户的密码为 123456。

(6) 使用命令修改 user03 的账号信息。账号过期日期：2022 年 12 月 1 日；密码能更换的最短天数：3 天，需要更换的天数：50 天；警告天数：10 天；被取消激活天数：15 天。

(7) 使用命令修改用户 user04 的登录 shell 为/bin/bash。

(8) 分别使用 passwd、usermod 命令锁定/解锁用户 user03。

(9) 使用命令删除用户 user04。

(10) 使用命令创建组群 group03(GID：7000)、group04(GID：默认)。

(11) 使用命令把 user01、user02、user03 添加到组群 group03 中。

(12) 使用命令删除组群 group04。

(13) 查看/etc/passwd 账号文件，/etc/shadow 密码文件，/etc/group 组群文件。理解每

一行每一段的含义。

(14) 分别从 root 用户切换到 user01 和 user02 用户。

(15) 编辑 sudo 配置文件，对 user01 用户无限制授权，对 user02 用户授权运行 passwd 命令。

3. 实训要求

(1) 按题目要求写出相应操作，操作结果以"文字+截图"的方式保存。

(2) 总结实训心得和体会。

练　习　题

一、填空题

1. 在 Linux 系统中，用户分为＿＿＿＿＿＿、＿＿＿＿＿＿、＿＿＿＿＿＿。

2. 在 Linux 系统中，用户组分为＿＿＿＿＿＿、＿＿＿＿＿＿。

3. 用户的账号信息(除了密码之外)存放在＿＿＿＿＿＿配置文件中。

4. 用户经过加密之后的口令都存放在＿＿＿＿＿＿配置文件中。

5. 每个用户都可以加入多个＿＿＿＿＿＿，但是只能属于一个＿＿＿＿＿＿。

二、选择题

1. 6./etc/passwd 配置文件中，每行由几个字段组成？(　　)

A. 7　　　　　B. 8　　　　　C. 9　　　　　D. 10

2. /etc/shadow 配置文件中，每行由几个字段组成？(　　)

A. 7　　　　　B. 8　　　　　C. 9　　　　　D. 10

3. 对于用户组账号，一个用户(　　)。

A. 必须属于一个组　　　　　　　　　B. 必须属于多个组

C. 可以属于一个组或多个组　　　　　D. 可以不属于任何组

4. 在终端提示符后使用 useradd 命令，该命令没做下面哪件事？(　　)

A. 在/etc/passwd 文件中增添了一行记录。

B. 在/home 目录下创建新用户的主目录。

C. 将/etc/skel 目录中的文件拷贝到新用户的主目录中去。

D. 建立新的用户并且登录。

5. 当用 root 登录时，哪个命令可以改变用户 larry 的密码？(　　)

A. Sularry

B. changepasswordlarry

C. passwordlarry

D. passwdlarry

项目五　管理文件权限

 项目内容

　　本项目主要讲解 Linux 操作系统中文件权限的设置与管理，包括文件的属性、文件权限的概念，以及如何通过命令管理文件权限。最后对文件权限的高级应用特殊权限和文件访问控制列表(ACL)进行了阐述。

 思维导图

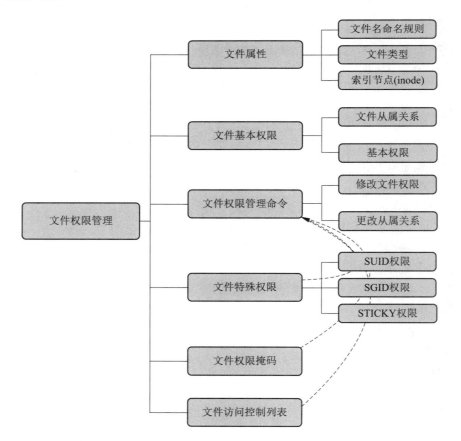

能力目标和要求

(1) 理解文件属性各字段的含义。
(2) 理解文件基本权限。
(3) 重点掌握文件权限管理命令。
(4) 理解文件的特殊权限。
(5) 理解文件权限掩码。
(6) 掌握 FACL 设置方法。

任务 5.1　认识文件属性

Linux 文件系统中的文件是数据的集合，文件系统不仅包含文件中的数据，还包含了文件(目录)的节点、类型、权限、链接数量、所归属的用户和用户组、最近访问或修改的时间等属性内容。

使用 ls -lai 命令可以查看文件属性的详细信息，每一行属性信息对应一个文件，共有 8 列字段，文件属性信息如图 5-1 所示，属性各列字段的说明如表 5-1 所示。

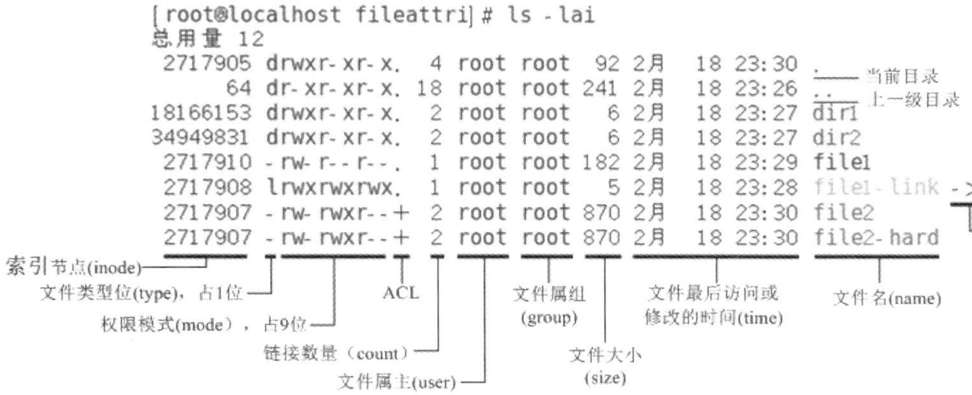

```
[root@localhost fileattri] # ls -lai
总用量 12
 2717905 drwxr-xr-x.  4 root root  92 2月  18 23:30 .        ── 当前目录
      64 dr-xr-xr-x. 18 root root 241 2月  18 23:26 ..       ── 上一级目录
18166153 drwxr-xr-x.  2 root root   6 2月  18 23:27 dir1
34949831 drwxr-xr-x.  2 root root   6 2月  18 23:27 dir2
 2717910 -rw-r--r--.  1 root root 182 2月  18 23:29 file1
 2717908 lrwxrwxrwx.  1 root root   5 2月  18 23:28 file1-link -> file1   ── 符号链接
 2717907 -rw-rwxr--+  2 root root 870 2月  18 23:30 file2              (s-link)
 2717907 -rw-rwxr--+  2 root root 870 2月  18 23:30 file2-hard
```

索引节点(inode)　文件类型位(type)，占1位　ACL　文件属组(group)　文件最后访问或修改的时间(time)　文件名(name)
权限模式(mode)，占9位　链接数量（count）　文件属主(user)　文件大小(size)

图 5-1　文件属性信息示意图

注： 以上目录及目录内相关文件自行创建。

表 5-1　文件属性各列字段说明

列　数	字　段	说　　明
第 1 列	2717907	表示文件的索引节点(inode，i 节点)，索引节点存放文件的属性信息，比如文件大小、属主、属组、读写权限等，并且保存文件的实际存放位置
第 2 列	-rw-rwxr--	表示文件类型和基本权限，总长度占 10 位。其中第 1 位(-)表示文件类型，其余 9 位(rw-rwxr--)表示文件的基本权限
第 3 列	2	对于普通文件，此字段表示文件硬链接数；对于目录文件，此字段表示一级子目录数
第 4 列	root	表示文件的所有者或称文件属主，此为 root 用户

列　数	字　段	说　明
第 5 列	root	表示文件所归属的用户组或称文件属组，此为 root 组
第 6 列	870	表示文件所占用空间的大小，默认以字节为单位。如果是一个目录，则表示该目录文件本身的大小
第 7 列	2 月　18 23:30	表示文件最后访问或最后修改的时间
第 8 列	file2	表示文件名

5.1.1　文件名命名规则

在 Linux 系统中，因有些字符具有特殊含义，因此在对文件进行命名时，需遵循相应的命名规则。

(1) 在 ext3 和 xfs 文件系统中文件名最长长度为 255 个字符，ext4 文件系统为 256 个字符。

(2) 文件名区分大小写。

(3) 除了 "/" 符号之外，所有的字符都可以用于命名文件名。

(4) "." ".." 符号不能单独用于命名文件名，因 "." 表示当前目录，".." 表示父目录。

(5) 避免使用 "+" "-" "." 符号作为文件名的第 1 个字符。以 "." 开头的文件表示隐藏文件。

(6) 建议不使用转义符命名，如*、?、空格、$、&等符号，否则文件执行时容易出错。

5.1.2　文件类型

在 Linux 操作系统中，一切(包括硬盘、显示器等硬件设备)皆文件。与 Windows 操作系统使用扩展名来表示文件类型不同，在 Linux 系统中没有扩展名的概念。除了常见的文本文件、二进制文件等普通文件类型之外，Linux 系统还定义了其他文件类型，如表 5-2 所示。

表 5-2　Linux 系统中常见的文件类型

文件类型	表示符号	描　述
普通文件	-	普通文件是最常使用的一类文件，其特点是不包含有文件系统信息的结构信息。按其内部结构一般分为纯文本文件和二进制文件
目录文件	d	目录文件是一种特殊文件，目录文件中保存着该目录下其他文件的 inode 号和文件名等相关信息
链接文件	l	链接文件也是一种特殊文件，其指向一个真实存在的文件链接，可分为硬链接文件和软链接文件
块设备文件	b	块设备文件支持以块(block)为单位的访问方式，常见的块设备文件有硬盘、软盘等
字符设备文件	c	字符设备文件以字节流的方式进行访问，常见的字符设备文件有字符终端、串口、键盘等
套接字文件	s	套接字文件用来实现两端通信，一般用于网络数据连接
管道文件	p	管道文件是一种很特殊的文件，主要用于不同进程的信息传递

5.1.3　索引节点

在 Linux 系统中，文件数据以"块"(block)为单位进行存储(块一般由连续的 8 个扇区组成，常见块的大小为 4 KB)。为了读取数据"块"，还需要专门的区域来存储文件的元信息，此区域称为索引节点(inode)，也称为 i 节点。索引节点所包含的文件的元信息有：

(1) 文件字节数；

(2) 文件属主；

(3) 文件属组；

(4) 文件权限；

(5) 文件时间戳(ctime、mtime、atime)；

(6) 文件链接数，即有多少个文件名指向此 inode；

(7) 文件数据 block 的位置。

注：元信息不包含文件名，使用 stat 命令可查看文件的元信息内容。

例如：

```
[root@localhost ~]# stat anaconda-ks.cfg          \\查看文件 anaconda-ks.cfg 的元信息
文件："anaconda-ks.cfg"
大小：1645    块：8          IO 块：4096    普通文件
设备：fd00h/64768d    Inode：33574978    硬链接：1
权限：(0620/-rw--w----)   Uid：( 2400/ user05)   Gid：( 4400/ group01)
环境：system_u:object_r:admin_home_t:s0
最近访问：2022-02-11 23:58:19.040342310 +0800
最近更改：2020-03-30 10:30:38.049986641 +0800
最近改动：2022-02-21 00:37:38.100830864 +0800
创建时间：-
[root@localhost ~]# ls -i anaconda-ks.cfg          \\仅查看文件 anaconda-ks.cfg 的 i 节点号
33574978 anaconda-ks.cfg
```

其中，Inode：33574978 为文件 anaconda-ks.cfg 的 i 节点号，实际上系统在读取数据时是通过 i 节点号来进行的，而非文件名。用户通过文件名打开文件，实际上，系统内部将此过程分为以下四步：

(1) 系统查找到文件名所对应的 i 节点号；

(2) 通过 i 节点号，获取 inode 信息；

(3) 根据 inode 信息，找到文件数据所在的 block；

(4) 查看用户具有的访问权限，如有权限访问，则指向对应的数据 block，否则返回权限拒绝提示。

操作系统在格式化时，会把硬盘分成两个区域：一个是数据区，用于存放文件数据；另一个是 inode 区，用于存放 inode 所包含的信息。每个 inode 的大小一般是 128 字节或 256 字节。inode 总数在格式化时就已经确定。一个文件必须占用一个 inode，至少占用一个数据块。因此,有时会出现由于 inode 数量被用光而即使数据区还有空间也无法存储数据的情况。通过 df -i 命令可查看硬盘分区 inode 的使用情况。

```
[root@localhost ~]# df –I;                \\查看硬盘分区的 inode 总数和已使用情况
文件系统                    Inode 已用(I) 可用(I) 已用(I)% 挂载点
...(省略部分)
/dev/sda1                   524288      327523961        1% /boot
\\第一块硬盘第 1 个主分区 inode 的使用情况
```

任务 5.2　理解文件的权限

5.2.1　文件从属关系

Linux 操作系统的特性之一是多任务、多用户。为了进行权限隔离,文件在被进程访问时都是属于某一特定用户的。文件与用户的从属关系有以下三类:

(1) 文件属主(ower):指文件所有者,默认为文件的创建者。

(2) 文件属组(group):指对文件具有相同权限的一组用户。

(3) 其他用户(others):除了属主和属组里用户的其他用户。

进程对文件的访问权限的应用模型如下:判断进程的属主与文件的属主是否相同,如果相同,则应用属主的权限,否则,检查进程的属主是否属于文件的属组。如果是,则应用属组的权限;否则,只能应用其他用户的权限。

5.2.2　文件基本权限

对于任何用户而言,文件的基本权限分为 3 类,即可读(r)、可写(w)、可执行(x),其具体描述如表 5-3 所示。

文件基本权限

表 5-3　文件基本权限的描述

文件权限	表示字符	描述
可读	r	对文件而言,表示对文件具有读取文件内容的权限;对目录而言,表示浏览目录的权限,如无 x 权限,则无法读取目录下的文件信息
可写	w	对文件而言,表示对文件具有新增、修改文件内容的权限;对目录而言,表示可修改此目录下的文件列表,即具有在该目录下创建或删除文件的权限
可执行	x	对文件而言,表示可将此文件发起为进程;对目录而言,表示可使用 cd 命令切换到此目录。配合 r 权限,才可使用 ls -l 等命令读取文件的属性信息

文件使用 9 个权限位来描述 3 类用户对文件的权限组合机制。其中,左三位定义了属主用户的权限,中三位定义了属组的权限,右三位定义了其他用户的权限,如图 5-2 所示。

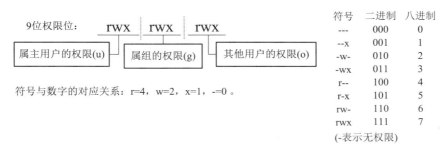

符号与数字的对应关系：r=4，w=2，x=1，-=0。

符号	二进制	八进制
---	000	0
--x	001	1
-w-	010	2
-wx	011	3
r--	100	4
r-x	101	5
rw-	110	6
rwx	111	7

(-表示无权限)

图 5-2 文件权限的组合机制

任务 5.3 权限管理命令

5.3.1 修改文件权限命令

命令格式：chmod [选项] mode 文件

命令功能：修改或重置文件或者目录的权限。权限的授权方式分为符号模式法和数字赋权法。

chmod 常用选项如表 5-4 所示。

权限管理命令

表 5-4 chmod 常用选项

选 项	功 能
-c	若该文件权限确实已经更改，则显示其更改动作
-f	若该文件权限无法被更改，则不显示错误信息
-v	显示权限变更的详细信息
-R	对当前目录下的所有文件与子目录进行相同的权限变更，即以递归的方式逐个变更

1. 符号模式法

使用符号模式法对文件进行权限修改时，mode 格式如下：

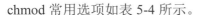

[ugoa...] [[+-=] [rwx]...] [,...]

使用符号模式法时涉及 who(用户类型)、operator(操作符)和 permission(权限)三个项目，每个项目的设置可以用逗号分隔开。各项目的符号意义如表 5-5～表 5-7 所示。

表 5-5 who 的符号意义

who	用户类型	说 明
u	user	属主，文件所有者
g	group	属组，文件所有者所在组
o	others	除了属主和属于属组用户之外的其他用户
a	all	所用用户，相当于 ugo

表 5-6　operator 的符号意义

operator	说　　明
+	在原权限基础上增加指定的用户权限
-	去除指定用户的权限
=	设置指定用户的权限，即将用户的所有权限重新设置，旧的权限将被清除

表 5-7　permission 的符号意义

模式	权限	说　　明
r	读	设置为可读权限
w	写	设置为可写权限
x	执行权限	设置为可执行权限

例如：

```
[root@localhost ~]# chmod g+w anaconda-ks.cfg            \\给文件属组增加 w 权限
[root@localhost ~]# ls -l anaconda-ks.cfg               \\验证
-rw-rw-r--. 1 root root 1645 3 月　 30 2020 anaconda-ks.cfg
[root@localhost ~]# chmod ugo+x anaconda-ks.cfg          \\给文件所有用户增加 x 权限
[root@localhost ~]# ls -l anaconda-ks.cfg
-rwxrwxr-x. 1 root root 1645 3 月　 30 2020 anaconda-ks.cfg
[root@localhost ~]# chmod a-x anaconda-ks.cfg            \\去除文件所有用户的 x 权限
[root@localhost ~]# ls -l anaconda-ks.cfg
-rw-rw-r--. 1 root root 1645 3 月　 30 2020 anaconda-ks.cfg
[root@localhost ~]# chmod ug+x,o-r file1.txt file2.txt   \\同时给 2 个文件增加权限
[root@localhost ~]# ls -l file1.txt file2.txt
-rwxrwx---. 1 root root 0 2 月　 22 11:07 file1.txt
-rwxrwx---. 1 root root 0 2 月　 22 11:07 file2.txt
[root@localhost ~]# chmod u=rw,g=rw,o=r file1.txt file2.txt   \\同时给 2 个文件赋权，原文件权
限会被清除
[root@localhost ~]# ls -l file1.txt file2.txt
-rw-rw-r--. 1 root root 0 2 月　 22 11:07 file1.txt
-rw-rw-r--. 1 root root 0 2 月　 22 11:07 file2.txt
[root@localhost ~]# chmod -R a=rwx ./dir1               \\给目录文件递归赋权，子目录及子文件的权
限也会同时赋权
[root@localhost ~]# ls -ld ./dir1;ls -l ./dir1          \\查看验证
drwxrwxrwx. 3 root root 37 2 月　 22 11:12 ./dir1
总用量 0
drwxrwxrwx. 2 root root 6 2 月　 22 11:11 subdir1
-rwxrwxrwx. 1 root root 0 2 月　 22 11:12 test.txt
```

2. 数字赋权法

命令格式：chmod　abc　文件

命令功能：使用数字赋权法设置文件的权限。其中 a、b、c 分别为属主、属组、其他用户权限位数字之和。

把文件(目录)的 9 个权限位每三位设为一组，分别对应属主、属组、其他用户的读、写、执行权限。每一组中某权限位有权限时设为 1，否则设为 0，则得到 3 位二进制数，转换成八进制数则得到每一组权限的数字。权限对应的数字如表 5-8 所示。

表 5-8　权限对应的数字

八进制数	权限	权限符号	数字之和	二进制数
0	无	---	0+0+0	000
1	只执行	--x	0+0+1	001
2	只写	-w-	0+2+0	010
3	写+执行	-wx	0+2+1	011
4	只读	r--	4+0+0	100
5	读+执行	r-x	4+0+1	101
6	读+写	rw-	4+2+0	110
7	读+写+执行	rwx	4+2+1	111

例如：

[root@localhost ~]# **chmod 765 anaconda-ks.cfg**

文件权限数字表示为 765，其所表示的权限如下：

(1) 文件属主三个权限位的数字之和为 7，即 4+2+1，权限为 rwx；

(2) 文件属组三个权限位的数字之和为 6，即 4+2+0，权限为 rw-；

(3) 文件其他用户三个权限位的数字之和为 5，即 4+0+1，权限为 r-x。

因此，765 所表示的权限为 rwxrw-r-x。

5.3.2　从属关系管理命令

1. chown 命令

命令格式：chown　[选项]… [用户][:[组群]]　文件…

命令功能：更改文件的属主和属组。用户和组群必须事先存在，用户可以是用户名或者 UID 号，组群可以是组名或者 GID 号，文件是以空格分开的要改变权限的文件列表，支持通配符。

chown 常用选项如表 5-9 所示。

表 5-9　chown 常用选项

选　　项	功　　能
-v	显示详细的处理信息
-R	递归更改该目录下的所有文件

例如：

```
[root@localhost ~]# ls -l /tmp/file.txt                    \\查看 file.txt 文件的权限
-rw-r--r--. 1 root root 0 2 月    23 23:06 /tmp/file.txt
[root@localhost ~]# chown user01:group01 /tmp/file.txt  \\更改 file.tx 文件的属主和属组分别为
user01 用户和 group01 组群
[root@localhost ~]# ls -l /tmp/file.txt                    \\查看验证
-rw-r--r--. 1 user01 group01 0 2 月    23 23:06 /tmp/file.txt
[root@localhost ~]# chown root /tmp/file.txt              \\更改 file.txt 文件的属主为 root 用户
[root@localhost ~]# ls -l /tmp/file.txt                    \\查看验证
-rw-r--r--. 1 root group01 0 2 月    23 23:06 /tmp/file.txt
[root@localhost ~]# chown :root /tmp/file.txt            \\更改 file.txt 文件的属组为 root 组群
[root@localhost ~]# ls -l /tmp/file.txt                    \\查看验证
-rw-r--r--. 1 root root 0 2 月    23 23:06 /tmp/file.txt
```

2. chgrp 命令

命令格式：chgrp　[选项]…　组群　文件…

命令功能：更改文件的属组。组群必须事先存在，组群可以是组名或者 GID 号，文件是以空格分开的要改变权限的文件列表，支持通配符。

chgrp 常用选项如表 5-10 所示。

表 5-10　chgrp 常用选项

选　项	功　　能
-v	显示详细的处理信息
-R	递归更改该目录下的所有文件

例如：

```
[root@localhost ~]# ls -ld /tmp/dir1 /tmp/dir1/file2.txt        \\查看目录和文件的权限
drwxr-xr-x. 2 root root 23 2 月    24 00:11 /tmp/dir1
-rw-r--r--. 1 root root  0 2 月    24 00:12 /tmp/dir1/file2.txt
[root@localhost ~]# chgrp group01 /tmp/dir1 /tmp/file.txt      \\变更目录和文件的属组
[root@localhost ~]# ls -l /tmp                                  \\验证
总用量 0
drwxr-xr-x. 2 root group01 23 2 月    24 00:11 dir1
-rw-r--r--. 1 root group01  0 2 月    23 23:06 file.txt
[root@localhost ~]# chgrp -Rv group02 /tmp/dir1                \\递归更改/tmp/dir1 目录及目录下所有
文件的属组
changed group of "/tmp/dir1/file2.txt" from root to group02
changed group of "/tmp/dir1" from group01 to group02
[root@localhost ~]# ls -ld /tmp/dir1/ /tmp/dir1/file2.txt
drwxr-xr-x. 2 root group02 23 2 月    24 00:11 /tmp/dir1/
-rw-r--r--. 1 root group02  0 2 月    24 00:12 /tmp/dir1/file2.txt
```

任务 5.4　特 殊 权 限

在 Linux 系统中，除了 5.2.2 节介绍的常见的 r、w、x 三种权限之外，还有 3 种特殊权限，分别为 SUID、SGID、STICKY 权限。

特殊权限

5.4.1　SUID 权限

当用户把某一个二进制文件发起为一个进程时，如果该文件拥有 SUID 权限，则该进程在运行期间临时获得该二进制文件属主的权限，在进程结束时，属主权限被收回。该权限只对二进制文件有效。

如果二进制文件属主拥有 x 权限，则属主 x 权限位显示为小写字母 s，否则显示为大写字母 S。

赋权方法：

chmod　u+s　file	\\为文件增加 SUID 权限
chmod　u-s　file	\\去除文件 SUID 权限

例如：

[root@localhost ~]# **whereis passwd**　　　\\查看 passwd 命令的位置
passwd: /usr/bin/passwd /etc/passwd /usr/share/man/man1/passwd.1.gz /usr/share/man/man5/passwd.5.gz
[root@localhost ~]# **ls -l /usr/bin/passwd**　　\\查看 passwd 文件的权限，属主 x 权限位为 s，表示该文件设置了 SUID 权限
-rwsr-xr-x. 1 root root 27832 6 月　10 2014 /usr/bin/passwd
[root@localhost ~]# **ls -l /etc/shadow**　　　\\查看密码文件 shadow 的权限。可见，除了 root 用户，其他用户都不可访问该文件
----------. 1 root root 1339 2 月　21 00:34 /etc/shadow
[root@localhost ~]# **su user01**　　　　　　\\切换到 user01 普通用户
[user01@localhost root]$ **passwd**　　　　　\\更改自身密码
更改用户 user01 的密码
为 user01 更改 STRESS 密码
(当前)Unix 密码：
新的　密码：
重新输入新的　密码：
passwd: 所有的身份验证令牌已经成功更新

从以上结果可知，虽然密码文件/etc/shadow 只有 root 用户拥有修改权限，但普通用户可更改自身密码，可往密码文件里写入密码信息，这是因为 passwd 命令拥有 SUID 权限。其执行过程如下：

(1) user01 用户对于/etc/passwd 程序具有 x 权限，表示 user01 可将 passwd 执行为一个进程。

(2) passwd 程序文件属主是 root 账号。

(3) user01 在把 passwd 程序文件发起为一个进程运行时，临时获得 root 账号的权限。

(4) 在 passwd 运行期间，/etc/shadow 文件就可以被 user01 所发起的 passwd 进程修改。

使用 cat 命令去查看/etc/shadow 文件时，显示权限不够。因为 cat 程序文件不具有 SUID 权限，在 user01 用户把 cat 程序文件发起为一个进程去查看/etc/shadow 文件时，进程的所有者还是 user01，所以无法读取/etc/shadow 文件内容。而给 cat 程序增加 SUID 权限之后，user01 用户即可使用 cat 命令去访问/etc/shadow 文件。以上操作的示意图如图 5-3 所示。

例如：

```
    [user01@localhost root]$ cat /etc/shadow              \\使用 cat 命令去读取/etc/shadow 文件，
显示权限不够
    cat: /etc/shadow: 权限不够
    [user01@localhost root]$ ll /usr/bin/cat              \\查看 cat 命令权限
    -rwxr-xr-x. 1 root root 54080 11 月    6 2016 /usr/bin/cat
    [user01@localhost root]$ sudo chmod u+s /usr/bin/cat   \\给 cat 命令增加 SUID 权限
    [user01@localhost root]$ cat /etc/shadow   \\cat 增加了 SUID 权限后成功读取/etc/shadow 文件内容
    root:$6$ixtBh.lmsrspZBdr$st26K48NTDYnio5gSjxsN9NYNnmYrCD6GXXurpmMneATb.9pIa6c/c9
z9bYpVsjXYkNiF7/AgC.yyM3m89dnC.::0:99999:7:::
    ...(省略部分)
```

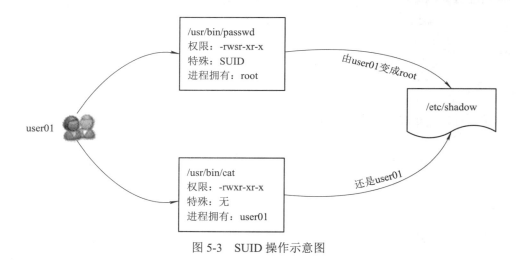

图 5-3　SUID 操作示意图

5.4.2　SGID 权限

SGID 权限作用：SGID 对二进制文件和目录都起作用。

(1) 当用户把某一个二进制文件发起为一个进程时，如果该文件拥有 SGID 权限，则该进程在运行期间，临时拥有该二进制文件属组的权限，进程结束时，属组权限被收回。

(2) 当目录文件拥有 SGID 权限时，任何人在该目录下创建的文件的属组与该目录的属组相同。

如果文件(目录)属组拥有 x 权限，则属组 x 权限位显示为小写字母 s，否则显示为大写字母 S。

赋权方法：chmod   g+s   file   \\为文件增加 SGID 权限

               chmod   g-s   file   \\去除文件 SGID 权限

例如：

```
[user01@localhost root]$ ls -ld /root/        \\普通用户 user01 使用 ls 命令查看/root 目录
dr-xr-x---. 20 root root 4096 2 月   22 23:42 /root/
[user01@localhost root]$ ls /root/         \\user01 对于/root 目录而言属于其他用户，其他用户对
/root 目录是无权限的，因此，此处显示权限不够，无法读取
ls: 无法打开目录/root/: 权限不够
[user01@localhost root]$ sudo chmod g+s /usr/bin/ls        \\给 ls 命令增加 SGID 权限
[user01@localhost root]$ ls /root        \\因 ls 增加了 SGID 权限，因此，在运行时临时获取了 ls
属组 root 组的权限，而 root 组对/root 目录是有读取权限的，所以成功读取
anaconda-ks.cfg   dir5      file1.txt           test2.txt   视频   音乐
...(省略部分)
[user01@localhost root]$ ls -ld /tmp/sharedir/         \\查看/tmp/sharedir 权限，显示该目录的属组是
group01
drwxrwxrwx. 2 root group01 32 2 月   23 00:47 /tmp/sharedir/
[user01@localhost root]$ touch /tmp/sharedir/file1       \\在/tmp/sharedir 目录下新建 file1 文件
[user01@localhost root]$ ls -l /tmp/sharedir/file1         \\查看新建文件 file1 的属性，显示文件
属组是文件创建者 user01 的属组
-rw-rw-r--. 1 user01 user01 0 2 月   23 00:47 /tmp/sharedir/file1
[user01@localhost root]$ sudo chmod g+s /tmp/sharedir/ \\给/tmp/sharedir 目录增加 SGID 权限
[user01@localhost root]$ touch /tmp/sharedir/file2       \\在/tmp/sharedir 目录下新建 file2 文件
[user01@localhost root]$ ls -l /tmp/sharedir/file2             \\查看新建文件 file2 的属性，显示文件
属组跟父目录/tmp/sharedir 的属组一样
-rw-rw-r--. 1 user01 group01 0 2 月   23 00:47 /tmp/sharedir/file2
```

5.4.3 STICKY 权限

STICKY 权限作用：仅对目录有效。让多个用户都具有写权限的目录，每个用户只能删除自己的文件。当一个目录作用了 STICKY 权限之后，在该目录下创建的文件仅创建者自己和 root 用户才能删除。典型目录如系统的公共目录/tmp。

如果目录文件的其他用户拥有 x 权限，则属组 x 权限位显示为小写字母 t，否则显示为大写字母 T。

赋权方法：chmod   g+t   file   \\为文件增加 STICKY 权限

               chmod   g-t   file   \\去除文件 STICKY 权限

例如：

```
[user01@localhost root]$ ls -ld /tmp/        \\查看/tmp 目录权限，显示其设置了 STICKY 权限
```

```
drwxrwxrwt. 19 root root 4096 2 月　23 00:53 /tmp/
[user01@localhost root]$ touch /tmp/user01.file          \\使用 user01 用户在/tmp 目录下新建
user01.file 文件
[user01@localhost root]$ su user02                       \\切换至 user02 用户
密码：
[user02@localhost root]$ rm -f /tmp/user01.file          \\使用 user02 用户删除 user01.file 文件，
因为/tmp 目录设置了 SBIT 权限，所以显示无法删除
rm: 无法删除"/tmp/user01.file"：不允许的操作
[user02@localhost root]$ su user01                       \\切换至 user01 用户
密码：
[user01@localhost root]$ rm -f /tmp/user01.file          \\文件创建者自己成功删除
[user01@localhost root]$
```

5.4.4　特殊权限数字赋权法

特殊权限除了可以使用符号赋权方法进行权限的设置之外，也可以使用数字方式进行赋权，它是在原来 r、w、x 权限数字的基础上再增加一个新的权限位。各个特殊权限的数字分别是 SUID：4，SGID：2，STICKY：1。

赋权方法：chmod　abcd　file　　　\\a 是特殊权限数字之和，b、c、d 是每三位一组 rwx 权限数字之和

例如：

假设要将一个文件权限改为"-rwsr-xr-x"时，由于 s 在使用者权限中，所以特殊权限是 SUID，因此，在原先的 755 之前还要加上 4，即 4755。

```
[root@localhost ~]# ls -l /tmp/        \\在\tmp 目录下创建 dir1 目录和 file.txt 文件并查看其权限
drwxr-xr-x. 2 root root 6 2 月　23 23:06 dir1
-rwxr-xr-x. 1 root root 0 2 月　23 23:06 file.txt
[root@localhost ~]# chmod 4755 /tmp/file.txt;chmod 2755 /tmp/dir1     \\给 file.txt 增加 SUID 权
限，给 dir1 增加 SGID 权限
[root@localhost ~]# ls -l /tmp/             \\查看验证，特殊权限设置成功
drwxr-sr-x. 2 root root 6 2 月　23 23:06 dir1
-rwsr-xr-x. 1 root root 0 2 月　23 23:06 file.txt
[root@localhost ~]# chmod 1755 /tmp/dir1    \\使用数字赋权法给/tmp/dir1 增加 STICKY 权限
[root@localhost ~]# ls -l /tmp/             \\查看验证，STICKY 权限设置成功
drwxr-sr-t. 2 root root 6 2 月　23 23:06 dir1
-rwsr-xr-x. 1 root root 0 2 月　23 23:06 file.txt
[root@localhost ~]# chmod u-x /tmp/file.txt;chmod o-x /tmp/dir1/    \\去掉 dir1 其他用户 x 权限，
去掉 file.txt 属主 x 权限，由于两个文件特殊权限相应位置没有了 x 权限，所以特殊权限以大写字母方式
显示
[root@localhost ~]# ls -l /tmp/             \\查看验证，此时 s、t 都变成了大写字母
```

```
drwxr-sr-T. 2 root root 6 2 月    23 23:06 dir1
-rwSr-xr-x. 1 root root 0 2 月    23 23:06 file.txt
```

任务 5.5　权　限　掩　码

5.5.1　权限掩码的概念

权限掩码(umask)用于确定当用户新建文件或目录时所具有的默认权限。可使用 umask 命令查看当前环境的 umask。

例如：

权限掩码

```
[root@localhost ~]# umask          \\查看数字形态的权限掩码, 0022 第 1 位代表特殊权限
0022
[root@localhost ~]# umask –S        \\查看新建文件时默认权限的符号表示
u=rwx,g=rx,o=rx
```

在 Linux 系统中，如果没有权限掩码，当用户创建目录时，目录具有的默认权限为 drwxrwxrwx，即数字 777；当用户创建的是文件时，文件具有的默认权限为 -rw-rw-rw-，即数字 666。这是因为，从安全性的角度出发，新建文件一般不建议拥有 x 执行权限，而用户在切换目录时，需要目录具有 x 执行权限。而权限掩码(umask)则表示我们在创建新文件或目录时，从默认权限中拿走的权限。

例如，当权限掩码为 022，表示属组和其他用户的 w 写权限被拿走，文件的默认权限变成了 -rw-r--r--，目录的默认权限变成了 drwxr-xr-x。默认权限也可用减法进行计算。

格式如下：

新建文件：666-020=644(rw-r--r--)

新建目录：777-022=755(rwxr-xr-x)

注：对于新建文件来说，如果相减出现某个权限位为奇数，则奇数位需加 1。偶数则不需要加 1。例如，当权限掩码为 023 时，666-023=643，则奇数位 3 需加 1 变成 4，所以默认权限应是 644。

5.5.2　设置权限掩码

命令格式：umask 权限掩码数字

例如：

```
[root@localhost ~]# umask             \\查看权限掩码
0022
[root@localhost ~]# umask –S          \\查看文件的默认权限
u=rwx,g=rx,o=rx
[root@localhost ~]# touch /tmp/test1.txt      \\新建 test1.txt 文件
[root@localhost ~]# mkdir /tmp/dir1           \\新建 dir1 文件
```

```
[root@localhost ~]# stat -c %a /tmp/test1.txt /tmp/dir1/    \\查看新建文件和目录的权限
644
755
[root@localhost ~]# umask 002                              \\更改权限掩码
[root@localhost ~]# touch /tmp/test2.txt                    \\新建 test2.txt 文件
[root@localhost ~]# mkdir /tmp/dir2                         \\新建 dir2 文件
[root@localhost ~]# stat -c %a /tmp/test2.txt /tmp/dir2/    \\查看新建文件和目录的权限
664
775
[root@localhost ~]# umask 023                              \\更改权限掩码
[root@localhost ~]# touch /tmp/test3.txt                    \\新建 test3.txt 文件
[root@localhost ~]# mkdir /tmp/dir3                         \\新建 dir3 文件
[root@localhost ~]# stat -c %a /tmp/test2.txt /tmp/dir3/    \\查看新建文件和目录的权限
644
754
```

注：使用 umask 设置权限掩码只对当前窗口有效。如果想永久设置权限掩码，则需要在/etc/profile 或/etc/bashrc 配置文件中设置默认权限掩码值。

任务 5.6　文件访问控制列表

文件访问控制列表

在实际生产环境中仅使用基本文件权限对文件权限进行管理是无法满足管理需求的，比如：当前有一个/data 目录，现在需要 A 组成员具有写权限，B 组成员仅有只读权限，C 组成员具有可读可写可执行权限。基于基本文件权限管理模式是无法实现以上需求的。因此，为了更细化、精准地进行文件权限管理，可以通过文件访问控制列表(ACL，Access Control Lists)来实现。

1. getfacl 命令

命令格式：getfacl　[选项]　文件
命令功能：查看文件或目录的 ACL 设定内容。
getfacl 常用选项如表 5-11 所示。

表 5-11　getfacl 常用选项

选　　项	功　　能
-a	仅显示文件 ACL
-d	仅显示文件默认的访问控制列表(基本权限)
-R	递归显示目录下子目录和文件的访问控制列表
-n	以 UID 和 GID 显示用户和组群
-p	不去除路径前的"/"符号

例如：

```
[root@localhost ~]# getfacl -p /tmp/test1.txt        \\查看/tmp/test1.txt 的 ACL
# file: /tmp/test1.txt                               \\文件名
# owner: root                                        \\文件属主
# group: root                                        \\文件属组
# flags: s--                                         \\特殊权限标志
user::rwx                                            \\属主权限
user:user01:rw-                                      \\ACL：用户 user01 权限
group::rw-                                           \\属组权限
group:group01:rw-                                    \\ACL：group01 组权限
mask::rw-                                            \\最大有效访问权限
other::r--                                           \\其他用户权限
```

2. setfacl 命令

命令格式：setfacl ［选项］ 文件

命令功能：设定文件或目录的 ACL 权限。

setfacl 常用选项如表 5-12 所示。

表 5-12　setfacl 常用选项

选　项	功　能
-m [ug]:[[user][group]][mode]	设定 ACL 权限。如果是给予用户 ACL 权限，则使用"u:用户名:权限"格式赋予；如果是给予组 ACL 权限，则使用"g:组名:权限"格式赋予
-x [ug]:[user][group]	删除指定用户或组的 ACL 权限
-b	删除所有的 ACL 权限
-k	删除默认的 ACL 权限
-d	设定默认 ACL 权限。只对目录生效，指在目录中新建立的文件拥有此默认权限
-R	递归设定 ACL 权限。指设定的 ACL 权限会对目录下的所有子文件生效

例如：

```
[root@localhost ~]# mkdir /tmp/project              \\创建案例目录
[root@localhost ~]# getfacl -p /tmp/project/        \\查看 project 目录的 ACL
# file: /tmp/project/
# owner: root
# group: root
user::rwx
group::r-x
other::r-x
[root@localhost ~]# setfacl -m m:rwx /tmp/project   \\设定最大有效访问权限
```

```
[root@localhost ~]# setfacl -m u:user01:rw /tmp/project/     \\为用户 user01 设定 ACL
[root@localhost ~]# setfacl -m d:u:user01:rw /tmp/project/   \\设定默认的 ACL，后续在
\tmp\project 目录下创建的子目录和文件将继承其 ACL 策略
[root@localhost ~]# setfacl -m g:group01:rw /tmp/project/    \\为组 group01 设定 ACL
[root@localhost ~]# getfacl -p /tmp/project/                 \\查看 ACL 设定结果
# file: /tmp/project/
# owner: root
# group: root
user::rwx
user:user01:rw-
group::r-x
group:group01:rw-
mask::rwx
other::r-x
default:user::rwx                                           \\默认的 ACL
default:user:user01:rw-
default:group::r-x
default:mask::rwx
default:other::r-x
[root@localhost ~]# setfacl -x u:user01 /tmp/project/       \\删除 user01 用户的 ACL
[root@localhost ~]# setfacl -b /tmp/project/                \\删除目录所有的 ACL
```

实训　文件权限管理

1. 实训目的

(1) 了解文件的属性信息。

(2) 了解文件的基本权限。

(3) 掌握文件基本权限的相关命令。

(4) 掌握文件特殊权限的相关命令。

(5) 掌握 ACL 的使用方法。

2. 实训内容

(1) 创建普通用户账号 user01、user02，组群 group01。

(2) 在/tmp 目录下新建 file01、file02 文件，并以长格式方式输出文件的属性信息，并注明每列字段的含义。

(3) 分别查看 file01 的符号权限和数字权限。

(4) 修改 file01 文件的属主为 user01，属组为 group01。再单独修改 file01 文件的属组为 root。

(5) 给 file01 文件的属组增加写权限。

(6) 同时给 file01 文件的属主、属组、其他用户增加执行权限。

(7) 去除 file01 文件属组和其他用户的执行权限。

(8) 使用数字赋权法，把 file02 文件的权限改成 rwxr-xr--。

(9) 查看系统权限掩码并修改权限掩码，使新建的文本文件默认权限为 rw-rw-r--。

(10) 使用 root 账号在/root 目录下新建 file03 文件。通过设置 SUID 权限的方法，使得 user01 可以访问 file03 文件。

(11) 在/tmp 下创建 dir01 目录，修改 dir01 目录的属组为 group01，通过设置 GUID 权限的方法，使得后续在 dir01 目录下创建的文件默认属组都为 group01。

(12) 在/tmp 下创建 dir02 目录，通过设置 SBIT 权限，使得后续在 dir02 目录下创建的文件，只能由文件创建者删除。

(13) 通过 ACL 的方式，设置 user02 用户对 file02 文件具有读、写权限。

注：步骤(3)~(13)都需要进行查看验证。

3. 实训要求

(1) 按题目要求写出相应操作，操作结果以"文字+截图"的方式保存。

(2) 总结实训心得和体会。

练 习 题

一、填空题

1. 在 Linux 系统中，文件基本权限分别有_____、_____、_____。

2. 在 Linux 系统中，文件的从属关系有_____、_____、_____。

3. 文件的特殊权限包括_____、_____、_____。

4. 文件权限掩码用于定义新建文件的_____。

5. 某用户既不属于文件属主，也不属于文件属组。当想让该用户拥有文件的某些权限时，最好使用_____进行配置。

二、选择题

1. Linux 文件权限一共有 10 位长度，分成四段，第三段表示的内容是(　　　)。

A. 文件所有者所在组的权限

B. 文件所有者的权限

C. 文件类型

D. 其他用户的权限

2. 在 Linux 中，某文件的访问权限信息为"-rwxrw-r--"，以下对该文件说明正确的是(　　　)。

A. 其他用户有写和执行权限

B. 同组用户有执行权限

C. 文件所有者有写权限

D. 所有用户都有写权限

3. 如果你的 umask 设置为 022，则创建的文件缺省权限为(　　)。

A. ----w--w-　　　　B. -w--w----　　　　C. r-xr-x---　　　　D. rw-r--r--

4. 当对某一目录设置只允许文件创建者自己能删除自己的文件时，对该目录应该设置
(　　)权限。

A. SUID 权限　　B. SGID 权限　　C. SBIT 权限　　D. W 权限

5. 当给某来宾授予读权限时，应该设置(　　)权限。

A. FACL　　　　B. r 权限　　　　C. SGID 权限　　D. SBIT 权限

项目六 磁 盘 管 理

 项目内容

本项目主要讲解磁盘的基本类型，磁盘的命名方式，分区的命名规则，文件系统等。以案例的方式讲解了如何添加磁盘，如何对磁盘进行分区，以及如何对分区创建文件系统，如何对分区进行挂载等相关的命令。同时还讲解了在 Linux 系统中挂载 U 盘等移动设备。

 思维导图

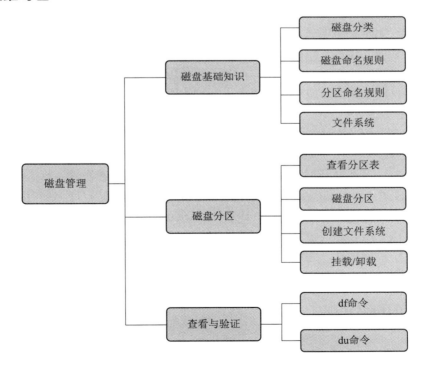

 能力目标和要求

(1) 理解磁盘类型、文件系统。

(2) 理解磁盘的命名方式、分区的命名规则。

(3) 重点掌握磁盘的分区操作。

(4) 掌握为分区创建文件系统。

(5) 掌握如何挂载分区。

(6) 掌握如何挂载移动存储设备。

任务 6.1　磁盘基础知识

6.1.1　磁盘分类

根据磁盘接口类型，可把磁盘分成以下五类：

(1) SCSI 硬盘。SCSI 硬盘即小型计算机系统接口硬盘，是一种并行接口，其广泛应用于为小型机提供高速的数据传输，它具有应用范围广、多任务、带宽大、CPU 占用率低，以及支持热插拔等优点。但由于价格相对较贵，其主要应用于中、高端服务器和高档工作站中。

(2) IDE 硬盘。IDE 硬盘即电子集成驱动器硬盘，是一种并行接口，它把盘体与控制器集成在一起，减少了硬盘接口的电缆数目与长度，使得数据传输的可靠性得到了增强，硬盘制造起来变得更容易，硬盘生产厂商也不再需要担心自己的硬盘是否与其他厂商生产的控制器兼容。由于价格低廉、兼容性强，它曾经在个人 PC 中得到广泛应用。但由于其数据传输速度较慢，现在已经被淘汰。

(3) SATA 硬盘。SATA 硬盘即串口硬盘，其采用串行连接方式，串行总线具有更强的纠错能力，不仅对数据，还能对传输指令进行检查纠错，很大程度上提高了数据传输的可靠性。

(4) SAS 硬盘。SAS 硬盘即串行 SCSI 硬盘，其采用串行技术以获得更高的传输速度，通过缩短连接线改善内部空间等，它是新一代的 SCSI 技术。SAS 接口的设计是为了改善存储系统的效能、可用性和扩充性，并且提供与 SATA 硬盘的兼容性。

(5) SSD 硬盘。SSD 硬盘即固态硬盘，它是用固态电子存储芯片阵列而制成的硬盘，SSD 硬盘由控制单元和存储单元(FLASH 芯片、DRAM 芯片)组成。在接口的规范和定义、功能及使用方法上与普通硬盘完全相同。在产品外形和尺寸上也完全与普通硬盘一致。它具有读写速度快、低功耗、无噪声、工作温度范围大、轻便等特点。随着固态硬盘价格越来越低，其应用范围也越来越广。

6.1.2　磁盘的命名规则

Linux 系统不像 Windows 操作系统，它没有盘符这个概念，一切设备皆文件，所以磁盘都是通过设备名来访问，而设备名存放在/dev 目录中。为了通过设备名了解磁盘的类型，设备名要遵循一定的命名规则。命名规则如表 6-1、图 6-1 所示。

磁盘和分区的
命名规则

表 6-1　磁盘的命名规则

磁盘类型	命名规则	说　　明
IDE 硬盘	/dev/hd[a-d]	一般主机有两个 IDE 接口，每一个 IDE 接口通过 IDE 数据线可以连接两块硬盘，分别叫主盘和从盘。根据规则，分别命名为 hda、hdb，依此类推，第二个 IDE 接口连接的硬盘分别命名为 hdc、hdd
SCSI/SATA/SAS/SSD/U 盘	/dev/sd[a-p]	在 Linux 系统中，SCSI、SATA、SAS、SSD 以及 U 盘都被当成 sd 设备，因此，这五种设备依照连接主机的先后顺序，分别命名为 sda，sdb，sdc，依此类推

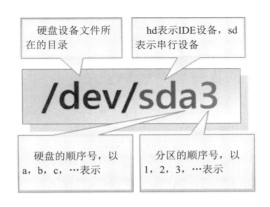

图 6-1　磁盘的命名规则

6.1.3　分区的命名规则

对硬盘进行分区可以实现数据隔离，提高系统安全性，提高管理效率。由于 Linux 系统采用的是 MBR 硬盘分区模式，因此最多只能创建 4 个主分区。但在实际生产过程中，单单 4 个分区是无法满足实际需求的，此时可将任意主分区中的一个分区变更为扩展分区，扩展分区与主分区是平行的关系，但扩展分区不能直接创建文件系统，也就无法保存数据。因此，需要在扩展分区之上再创建逻辑分区以保存数据。由于逻辑分区的分区表信息不保存在 1 扇区中，而是保存在硬盘的其他位置，因此，可在扩展分区上创建多个逻辑分区。通过这样的方式，突破了 MBR 模式只能创建 4 个主分区的限制，满足了生产中数量大于 4 个分区的需求。

在 Linux 系统中，分区是以编号方式进行标注，4 个主分区(或 3 个主分区和 1 个扩展分区)的编号为 1～4，而逻辑分区从 5 开始顺序编号。这里要注意，即使只有一个主分区和一个扩展分区，只占用了编号 1、2，逻辑分区的编号也是从 5 开始。

分区的命名规则是由磁盘的设备名和分区的编号构成。例如第一块 SCSI 硬盘的第 1 个主分区的命名为 sda1，其他分区依此类推。分区的命名规则如图 6-2 所示。

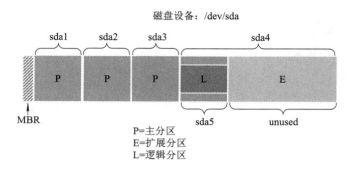

图 6-2　分区的命名规则

　　注：MBR 即主引导记录(Master Boot Record)，它存放在硬盘的 0 磁道 0 柱面 1 扇区中。1 扇区又称为主引导扇区，其大小为 512 字节(Byte)，其中 MBR 记录占用 446 字节，硬盘分区表(DPT)占用 64 字节，结束标志符占用 2 字节。而每一个分区需要使用 16 字节，因此，硬盘分区表一共只能存放 4 个分区的信息。所以 MBR 模式的硬盘最多只能分 4 个分区，这 4 个分区都叫做主分区，主分区可以直接创建文件系统，保存数据。

6.1.4　文件系统

　　文件系统是操作系统用于在存储设备(比如磁盘等)上组织文件的方法，文件通过文件系统在磁盘及分区上命名、存储、检索以及更新。在 Linux 系统中，每个分区都是一个文件系统，都有自己的目录层次结构。因此，一块硬盘在分区完成之后，需要使用 mkfs 命令来创建相应的文件系统(也叫格式化分区)，用户才可以在磁盘分区上创建、存储、读取文件等。

　　Linux 内核支持十多种不同类型的文件系统，下面对 Linux 常用的文件系统作一个简单介绍。

1. ext 文件系统

　　ext 是第一个专门为 Linux 开发的文件系统，叫作扩展文件系统。它于 1992 年 4 月完成，对 Linux 早期的发展产生了重要作用。但是，其在稳定性、速度和兼容性上存在许多缺陷，现在已经很少使用了。

2. ext2 文件系统

　　ext2 是为解决 ext 文件系统存在的缺陷而设计的可扩展、高性能的文件系统，称为二级扩展文件系统。ext2 于 1993 年发布，在速度和 CPU 利用率上具有较突出的优势，是 GNU/Linux 系统中标准的文件系统，支持 256 B 的长文件名，文件的存取性能极好。

3. ext3 文件系统

　　ext3 文件系统即三级扩展文件系统。ext3 是 ext2 的升级版本，兼容 ext2。其在 ext2 的基础上，增加了文件系统日志记录功能，因此又称为日志式文件系统。日志式文件系统在因断电或其他异常事件而停机重启后，操作系统会根据文件系统的日志，快速检测并恢复文件系统到正常状态，并可提高系统的恢复时间，提高数据的安全性。

4. ext4 文件系统

ext4 文件系统即四级扩展文件系统，是下一代日志文件系统，具有向后兼容性。ext4 在性能、伸缩性和可靠性方面进行了大量改进，支持 1 EB 的文件系统。另外，ext4 文件系统能够批量分配 block 块，从而极大地提高了读写效率。

5. XFS 文件系统

XFS 文件系统是一种非常优秀的日志文件系统，它是一个全 64 位、快速、稳固的日志文件系统。作为一个 64 位文件系统，XFS 可以支持超大数量的文件(9000 × 1 GB)，可在大型 2D 和 3D 数据方面提供显著的性能。XFS 有能力预测其他文件系统的薄弱环节，同时提供了在不妨碍性能的情况下增强可靠性和快速的事故恢复等性能。

6. VFAT 文件系统

VFAT 文件系统是 Linux 对 DOS、Windows 系统下的 FAT(包括 FAT16 和 FAT32)文件系统的一个统称。VFAT 主要用于处理长文件的一种文件名系统，它运行在保护模式下并使用 VCACHE 进行缓存，具有与 Windows 文件系统和 Linux 文件系统兼容的特性。因此 VFAT 可以作为 Windows 和 Linux 交换文件的分区。

7. swap 文件系统

swap 文件系统用于 Linux 的交换分区。在 Linux 中，swap 文件系统使用整个交换分区来提供虚拟内存，其分区大小一般应是系统物理内存的 2 倍，在安装 Linux 操作系统时，就应创建交换分区，它是 Linux 正常运行所必需的，其类型必须是 swap，交换分区由操作系统自行管理。

8. NFS 文件系统

NFS 文件系统即网络文件系统，用于在 Unix 系统间通过网络进行文件共享，用户可将网络中 NFS 服务器提供的共享目录挂载到本地的文件目录中，从而实现操作和访问 NFS 文件系统中的内容。

9. ISO 9660 文件系统

ISO 9660 文件系统即光盘标准文件系统，Linux 不仅能读取光盘和光盘 ISO 映像文件，还支持在 Linux 环境中刻录光盘。

任务 6.2　添加新磁盘

对于 Linux 系统来说，新的磁盘能被使用，一般需要做几个步骤：

(1) 对磁盘进行分区。

(2) 为新的分区创建文件系统(格式化)。

(3) 挂载。

(4) 编辑/etc/fstab 配置文件，实现开机自动挂载。

为了完成以上实验，我们需要先给虚拟机新添加一块磁盘，操作步骤如下：

(1) 关闭系统。

(2) 单击"编辑虚拟机设置",在弹出的"虚拟机设置"对话框中选择【添加】按钮,在弹出的"添加硬件向导"对话框中选择硬盘,单击【下一步】按钮,选择"SCSI(S)(推荐)"虚拟磁盘类型,单击【下一步】按钮,选择"创建新虚拟磁盘",单击【下一步】按钮设置磁盘大小为 20 GB,选择"将虚拟磁盘存储为单个文件",单击【下一步】按钮,使用默认磁盘文件名,单击【完成】按钮,最后在"虚拟机设置"界面单击【确定】按钮完成虚拟磁盘的添加,如图 6-3 所示。

图 6-3　添加新磁盘

任务 6.3　磁　盘　分　区

6.3.1　查看系统磁盘设备及分区表信息

磁盘分区

在任务 6.2 中,我们给虚拟机添加了一块磁盘,但在分区之前,需要先确认系统是否已经识别出新的磁盘,以及其分区情况。此时,使用 fdisk-l 命令来查看。

命令格式：fdisk -l [磁盘设备名]

例如：

> [root@centos7 ~]# **fdisk –l** 　　　　　　\\查看系统所有磁盘设备及它们的分区表情况
>
> 磁盘 /dev/sda：21.5 GB, 21 474 836 480 字节, 41 943 040 个扇区
>
> Units = 扇区 of 1 * 512 = 512 bytes
>
> 扇区大小(逻辑/物理)：512 字节 / 512 字节

```
    I/O 大小(最小/最佳)：512 字节 / 512 字节

    磁盘标签类型：dos

    磁盘标识符：0x000b1416

    设备 Boot        Start        End        Blocks     Id     System
    /dev/sda1    *    2048     2099199     1048576     83    Linux
    /dev/sda2        2099200   41943039   19921920    8e    Linux LVM


    磁盘 /dev/sdb：21.5 GB, 21 474 836 480 字节，41 943 040 个扇区

    Units = 扇区 of 1 * 512 = 512 bytes

    扇区大小(逻辑/物理)：512 字节 / 512 字节

    I/O 大小(最小/最佳)：512 字节 / 512 字节

    \\新添加磁盘的设备名称为/dev/sdb，并且未进行分区

    …(省略部分)

[root@centos7 ~]# fdisk -l /dev/sdb\\单独查看新磁盘/dev/sdb 信息及分区表情况，可知其未做任务
分区
```

6.3.2 对新磁盘进行分区

如果需要对新磁盘进行分区，则在 fdisk 命令后指定磁盘设备名即可，随后将会进入分区互交界面。

命令格式：fdisk 磁盘设备名

例如：

```
    [root@centos7 ~]# fdisk /dev/sdb            \\对新添加的第二块硬盘进行分区
    欢迎使用 fdisk (util-linux 2.23.2)。         \\分区互交界面
    更改将停留在内存中，直到您决定将更改写入磁盘
    使用写入命令前请三思
    Device does not contain a recognized partition table
    使用磁盘标识符 0x54e7bfef 创建新的 DOS 磁盘标签


    命令(输入 m 获取帮助)：
    \\此时将进入磁盘分区交互界面，输入 m 即可获取帮助，fdisk 将会列出常用命令字
    命令(输入 m 获取帮助)：m
    命令操作
        a     toggle a bootable flag
        b     edit bsd disklabel
        c     toggle the dos compatibility flag
    …(省略部分)
```

对于磁盘分区来说，常用的几个命令如表 6-2 所示。

表 6-2　磁盘分区的常用命令

命令	功　　能
p	列出当前磁盘的分区情况
n	建立一个新的分区
d	删除一个分区
l	查看分区类型的 ID
t	指定(更改)分区类型
w	把分区写进分区表，保存并退出
q	退出不保存

接下来以对/dev/sdb 新磁盘进行分区操作为例进行介绍。为了简化演示过程，示例只创建了 1 个主分区、1 个扩展分区、1 个逻辑分区，详细的分区操作演示如下：

```
[root@centos7 ~]# fdisk /dev/sdb
…(省略部分)
命令(输入 m 获取帮助)：p                   \\输入 p，列出当前磁盘及其分区信息
磁盘 /dev/sdb：21.5 GB, 21 474 836 480 字节, 41 943 040 个扇区
Units = 扇区 of 1 * 512 = 512 bytes
扇区大小(逻辑/物理)：512 字节 / 512 字节
I/O 大小(最小/最佳)：512 字节 / 512 字节
磁盘标签类型：dos
磁盘标识符：0x54e7bfef
    设备 Boot     Start        End       Blocks   Id  System
\\这里应显示当前磁盘的分区信息，如无，则表明当前磁盘未进行分区
命令(输入 m 获取帮助)：n                   \\输入 n，创建第 1 个分区
Partition type:                          \\选择分区类型，p 代表主分区，e 代表扩展分区
    p   primary (0 primary, 0 extended, 4 free)
    e   extended
Select (default p)：p                    \\输入 p，设置新建分区为主分区
分区号 (1-4，默认 1)：1                    \\输入 1，设置主分区号为 1，主分区号只能选 1～4
当中的数字，默认从 1 开始
起始 扇区 (2048～41943039，默认为 2048)：\\输入起始扇区，此处直接回车采用默认值 2048
使用默认值 2048
Last 扇区，+扇区 or +size{K,M,G} (2048～41943039，默认为 41943039)：+1G
\\输入结束扇区，由于使用扇区不好计算新建分区的大小，因此，此处可以直接输入需要创建分
区的大小，如+1G 表示新创建的主分区大小为 1 GB
分区 1 已设置为 Linux 类型，大小设为 1 GiB       \\第 1 分区创建完成
命令(输入 m 获取帮助)：n                   \\输入 n，创建第 2 个分区
Partition type:
    p   primary (1 primary, 0 extended, 3 free)
```

```
    e   extended
Select (default p): p                          \\输入 p，设置新建分区为主分区
分区号(2-4，默认 2): 2                          \\输入新建分区的分区号为 2
起始 扇区(2099200～41943039，默认为 2099200):   \\直接回车采用默认值 2099200
使用默认值 2099200
Last 扇区,+扇区 or +size{K,M,G} (2099200-41943039，默认为 41943039): +2G
\\设置分区大小为 2 GB
分区 2 已设置为 Linux 类型，大小设为 2 GiB      \\完成第 2 个主分区的创建
命令(输入 m 获取帮助): n                        \\输入 n，创建第 3 个分区
Partition type:
    p   primary (2 primary, 0 extended, 2 free)
    e   extended
Select (default p): e                          \\输入 e，设置第 3 个分区为扩展分区
分区号(3,4，默认 3): 4                          \\输入第 3 个分区的分区号为 4
起始 扇区(6293504～41943039，默认为 6293504):   \\直接回车采用默认值 6293504
使用默认值 6293504
Last 扇区,+扇区 or +size{K,M,G} (6293504-41943039，默认为 41943039):
\\此处直接回车采用默认值。由于当前磁盘的最后一个扇区是 41943039，因此采用默认值将意味
着把剩余的磁盘空间都分配给扩展分区
使用默认值 41943039
分区 4 已设置为 Extended 类型，大小设为 17 GiB   \\完成第 3 个分区扩展分区的创建
命令(输入 m 获取帮助): n                        \\输入 n，创建第 4 个分区
Partition type:            \\由于已经创建过扩展分区，因此此时只能选择创建主分区或逻辑分区
    p   primary (2 primary, 1 extended, 1 free)
    l   logical (numbered from 5)
Select (default p): l      \\输入 l(小写字母)，设置第 4 个分区为逻辑分区
添加逻辑分区 5            \\系统自动把第 1 个逻辑分区的分区号设置为 5,不管前面 1～4 的主分区
号是否用完，逻辑分区的分区号默认从 5 开始编号，后续逻辑分区的分区号顺序递增
起始 扇区 (6295552-41943039，默认为 6295552):   \\直接回车采用默认值
使用默认值 6295552
Last 扇区,+扇区 or +size{K,M,G} (6295552-41943039，默认为 41943039): +3G
                                               \\设置分区大小为 3 GB
分区 5 已设置为 Linux 类型，大小设为 3 GiB       \\完成第 4 个分区逻辑分区的创建
命令(输入 m 获取帮助): n                        \\输入 n，创建第 5 个分区
Partition type:
    p   primary (2 primary, 1 extended, 1 free)
    l   logical (numbered from 5)
Select (default p): l                          \\输入 l，设置第 5 个分区为逻辑分区
添加逻辑分区 6
```

起始 扇区 (12589056-41943039，默认为 12589056)：　　\\直接回车采用默认值

使用默认值 12589056

Last 扇区，+扇区 or +size{K,M,G} (12589056-41943039，默认为 41943039)：+4G

\\设置分区大小为 4 GB

分区 6 已设置为 Linux 类型，大小设为 4 GiB　　　　　\\完成第 5 个分区逻辑分区的创建

命令(输入 m 获取帮助)：**p**　　　　　　　　　　\\输入 p 列出当前磁盘及其分区信息

…(省略部分)

设备 Boot	Start	End	Blocks	Id	System	
/dev/sdb1	2048	2099199	1048576	83	Linux	\\第 1 个分区为主分区
/dev/sdb2	2099200	6293503	2097152	83	Linux	\\第 2 个分区为主分区
/dev/sdb4	6293504	41943039	17824768	5	Extended	\\第 3 个为扩展分区
/dev/sdb5	6295552	12587007	3145728	83	Linux	\\第 4 个为逻辑分区
/dev/sdb6	12589056	20977663	4194304	83	Linux	\\第 5 个为逻辑分区

命令(输入 m 获取帮助)：**l**　　　　　　　　　　\\获取分区类型的 id 号

…(省略部分)

7	HPFS/NTFS/exFAT	4d	QNX4.x	88	Linux 纯文本	de	Dell 工具
8	AIX	4e	QNX4.x 第 2 部分	8e	Linux LVM	df	BootIt

…(省略部分)

命令(输入 m 获取帮助)：**t**　　　　　　　　　　\\输入 t，更改分区类型

分区号(1,2,4-6，默认 6)：**5**　　　　　　　　\\输入需要更改分区类型的分区号 5

Hex 代码(输入 L 列出所有代码)：**8e**　　　　　　\\输入需要更改成的分区类型的 ID 号 8e

已将分区"Linux"的类型更改为"Linux LVM"　　　　\\分区类型成功更改成 Linux LVM 类型

命令(输入 m 获取帮助)：p　　　　\\输入 p 验证，此时可看到第 4 个分区的类型已经改变

…(省略部分)

设备 Boot	Start	End	Blocks	Id	System	
/dev/sdb1	2048	2099199	1048576	83	Linux	
/dev/sdb2	2099200	6293503	2097152	83	Linux	
/dev/sdb4	6293504	41943039	17824768	5	Extended	
/dev/sdb5	6295552	12587007	3145728	8e	Linux LVM	\\分区类型已改变
/dev/sdb6	12589056	20977663	4194304	83	Linux	

命令(输入 m 获取帮助)：**d**　　　　　　\\输入 d，删除分区

分区号(1,2,4-6，默认 6)：**6**　　　　\\输入要删除的分区的分区号 6。注意，如果删除了扩展

分区，则所有的逻辑分区也会一并被删除

分区 6 已删除　　　　　　　　\\分区 6 已经删除

命令(输入 m 获取帮助)：**p**　　　　\\输入 p 验证，此时可看到第 6 个分区已经删除

…(省略部分)

设备 Boot	Start	End	Blocks	Id	System
/dev/sdb1	2048	2099199	1048576	83	Linux
/dev/sdb2	2099200	6293503	2097152	83	Linux

| /dev/sdb4 | 6293504 | 41943039 | 17824768 | 5 | Extended |
| /dev/sdb5 | 6295552 | 12587007 | 3145728 | 8e | Linux LVM |

命令(输入 m 获取帮助)：**w**　　　　　　\\把分区写进分区表，保存并退出。如果不进行写操作，则前面所做的所有操作都不起作用

The partition table has been altered!　　\\提示分区表已经创建，磁盘分区已经成功

Calling ioctl() to re-read partition table.

正在同步磁盘

[root@centos7 ~]# **fdisk -l /dev/sdb**　　\\查看磁盘/dev/sdb 分区信息，可看到我们前面的分区操作已经成功

…(省略部分)

设备 Boot	Start	End	Blocks	Id	System
/dev/sdb1	2048	2099199	1048576	83	Linux
/dev/sdb2	2099200	6293503	2097152	83	Linux
/dev/sdb4	6293504	41943039	17824768	5	Extended
/dev/sdb5	6295552	12587007	3145728	8e	Linux LVM

6.3.3　创建文件系统

创建文件系统

磁盘分区后，下一步的工作就是创建各分区文件系统，类似于 Windows 下的格式化硬盘。如果没有对硬件存储设备进行格式化，则 Linux 系统无法得知如何在其上读写数据。在磁盘分区上建立文件系统会冲掉分区上的所有数据，而且不可恢复，因此在建立文件系统之前要确认分区上的数据不再需要，或先对数据进行备份。

命令格式：mkfs　[选项]　文件系统　硬盘分区

命令功能：mkfs 是 make filesystem 的缩写，用来在指定的分区创建 Linux 文件系统。mkfs 命令的常用选项如表 6-3 所示。

表 6-3　mkfs 命令的常用选项

选　项	功　　能
-t	指定要创建的文件系统类型
-c	创建文件系统前首先检查坏块
-V	输出创建文件系统的详细信息

例如，在/dev/sdb2 上创建 ext4 类型的文件系统，创建时检查磁盘坏块并显示详细信息。

[root@centos7 ~]# **mkfs -t ext4 -V -c /dev/sdb2**　　\\对第二块磁盘的第 2 分区创建 ext4 的文件系统

…(省略部分)

Checking for bad blocks (read-only test):　　0.00% done, 0:00 elapsed. 0/0/0 errdone

Allocating group tables: 完成

正在写入 inode 表: 完成

Creating journal (16384 blocks): 完成

Writing superblocks and filesystem accounting information: 完成

注：Linux 系统为了更便捷地创建文件系统，把常用的文件系统类型与 mkfs 命令结合成"mkfs.文件系统类型"的命令来代替"mkfs -t 文件系统类型"。在 shell 终端输入 mkfs 后按两下 Tab 键会出现如下效果：

```
[root@centos7 ~]# mkfs

mkfs          mkfs.cramfs      mkfs.ext3       mkfs.fat        mkfs.msdos       mkfs.xfs

mkfs.btrfs    mkfs.ext2        mkfs.ext4       mkfs.minix      mkfs.vfat
```

由此可知，如果我们想对/dev/sdb5 创建 xfs 文件系统，则可以直接使用命令 mkfs.xfs /dev/sdb5。

6.3.4　挂载/卸载文件系统

磁盘设备默认是没有入口的，因此在磁盘上创建好文件系统之后，需要将其关联到根目录下的某个目录来实现，这种关联操作就是挂载，这个目录就是挂载点(mount point)。通过这个目录(挂载点)就可以访问磁盘上的数据，所以挂载的实质是为磁盘添加入口。解除此次关联关系的过程称为卸载。

挂载/卸载文件系统

挂载需要注意以下几点：

(1) 根目录必须挂载，而且一定要先于其他挂载点被挂载。因为所有目录都是由根目录衍生出来的。

(2) 挂载点目录必须事先存在，可以用 mkdir 命令新建挂载点目录。

(3) 挂载点目录不可被其他进程使用。

(4) 如挂载点目录非空，则挂载之后目录下原有文件将被隐藏。

(5) 所有挂载点在同一时间只能被挂载一次。

(6) 所有磁盘分区在同一时间只能挂载一次。

(7) 若进行卸载，必须将工作目录退出到挂载点(及其子目录)之外。

在 Linux 系统中提供了/mnt 和/media 两个专门的挂载点。通常会将光盘和软盘挂载到/media/cdrom(或者/mnt/cdrom)和/media/floppy(或者/mnt/floppy)中，其对应的设备文件名分别为/dev/sr0 和/dev/fd0。当然，也可以挂载到根目录下自己创建的目录中。

1. mount 命令

命令格式：mount　[选项]　设备名　挂载点

命令功能：用于手动挂载文件系统。

mount 命令的常用选项如表 6-4 所示。

表 6-4　mount 命令的常用选项

选　项	功　能
无参数	查看当前系统已经挂载的所有分区及分区文件系统的类型、挂载点和选项等信息
-t	指定要挂载的文件系统类型。通常情况下可不指定，系统会自动选择正确的文件系统类型
-r	以只读方式挂载，挂载成功后不可修改挂载的内容
-w	以可写的方式挂载
-a	挂载/etc/fstab 文件中记录的设备，即强制更新
-o loop	把一个文件当成硬盘分区挂接上系统

例如：

(1) 把文件系统类型为 ext4 的磁盘分区/dev/sdb2 挂载到/testpoint 目录上：

[root@centos7 ~]# **mkdir /testpoint**　　　　　　　　　　　\\创建挂载目录/testpoint
[root@centos7 ~]# **mount -t ext4 /dev/sdb2 /testpoint/**　　\\挂载/dev/sdb2
[root@centos7 ~]# **mount |grep "^/dev/sdb2"**　　　　　　\\查看挂载结果
/dev/sdb2 on /testpoint type ext4 (rw,relatime,seclabel,data=ordered)

(2) 把光驱挂载到/media/cdrom 目录下：

[root@centos7 cdrom]# **mount /dev/sr0 /media/cdrom/**　　\\挂载光驱
mount: /dev/sr0 写保护，以只读方式挂载
[root@centos7 cdrom]# **mount |grep "^/dev/sr0"**　　　　　\\查看挂载结果
/dev/sr0 on /media/cdrom type iso9660 (ro,relatime)

(3) 将 ISO 文件当成硬盘分区进行挂载，从而进行访问：

[root@centos7 mydir]# **ls /mydir/**　　　　　　　　　　　\\查看/mydir 目录下的内容
file01.txt　　file02.txt
[root@centos7 mydir]# **mkisofs -r -J -V myfile -o /tmp/myfile.iso /mydir**
\\将/mydir 目录下的所有子目录和文件制作成光盘镜像文件/tmp/myfile.iso，光盘卷标为 myfile
[root@centos7 mydir]# **mkdir /mnt/vcdrom**　　　　　　　\\创建挂载点
[root@centos7 mydir]# **mount -o loop -t iso9660 /tmp/myfile.iso /mnt/vcdrom/**
mount: /dev/loop0 写保护，以只读方式挂载
\\将 myfile.iso 文件当成硬盘分区挂载到/mnt/vcdrom 目录下
[root@centos7 mydir]# **ls /mnt/vcdrom/**　　　　　　　　　\\通过挂载点访问 ISO 文件里的内容
file01.txt　　file02.txt

2. umount 命令

命令格式：umount　设备文件名或挂载目录
命令功能：用于撤销已经挂载的设备文件。
例如：

[root@centos7 ~]# **umount /media/cdrom/**　　　　　　　　\\卸载光盘
[root@centos7 ~]# **umount /dev/sdb2**　　　　　　　　　　\\卸载硬盘分区/dev/sdb2

6.3.5　挂载 U 盘/移动硬盘

在工作或学习中，我们难免会用到 U 盘或移动硬盘等设备，要访问
U 盘的数据，必须先进行挂载。对于 FAT32 和 NTFS 格式的 U 盘或移
动硬盘，进行挂载的操作如下：

挂载 U 盘/移动硬盘

1. FAT32 格式 U 盘的挂载

把 U 盘、移动硬盘插入计算机，然后在 VMware 虚拟机菜单选择"虚拟机"→"可移
动设备"→"USB Flash Disk"→"连接(断开与主机的连接)"命令，如图 6-4 所示。

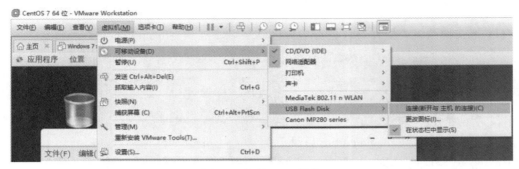

图 6-4　连接 USB 设备

对 Linux 系统而言，USB 接口的 U 盘/移动硬盘是当作 SCSI 设备对待的。插入移动硬盘前后，使用 fdisk‑l 命令查看系统的硬盘和硬盘分区前后的变化情况，即可发现插入的 USB 设备名。

例如：

```
[root@centos7 mydir]# fdisk -l
…(省略部分)
磁盘  /dev/sdc：8022 MB, 8022654976 字节，15669248 个扇区              \\USB 设备
Units = 扇区  of 1 * 512 = 512 bytes
扇区大小(逻辑/物理)：512 字节  / 512 字节
I/O  大小(最小/最佳)：512 字节  / 512 字节
磁盘标签类型：dos
磁盘标识符：0x74e26d76

设备 Boot        Start        End          Blocks       Id      System
/dev/sdc1        32           15669247     7834608      c       W95 FAT32 (LBA)
[root@centos7 mydir]# mkdir /media/fat32_usb                   \\创建 U 盘的挂载点
[root@centos7 mydir]# mount -t vfat /dev/sdc1 /media/fat32_usb/    \\挂载 U 盘
[root@centos7 fat32_usb]# mount |grep "^/dev/sdc1"             \\查看挂载结果
…(省略部分)
/dev/sdc1 on /media/fat32_usb type vfat (rw,relatime,fmask=0022,dmask=0077,codepage=437,iocharset
=ascii,shortname=mixed,showexec,utf8,flush,errors=remount-ro)
[root@centos7 mydir]# ls /media/fat32_usb/                     \\访问 U 盘
mydir   System Volume Information   test.txt
```

2. NTFS 格式 U 盘的挂载

如果 U 盘或者移动硬盘的格式是 NTFS 格式，那么 Linux 系统是不能识别的，此时如果直接挂载则会出错，需要借助第三方工具 NTFS-3G。由于系统没有自带 NTFS-3G 安装包，所以需要从网上下载进行安装(下载地址为 http://www.rpmfind.net/linux/rpm2html/ search.php?query=ntfs-3g)。为了便于实验，本书已经提前下载。直接使用鼠标拖曳安装包到 Linux 系统的相关目录(如/tmp 目录)，然后直接使用 rpm 命令进行安装，操作过程如下：

```
[root@CENTOS7 ~]# rpm -qa|grep ntfs    \\查看 NTFS-3G 的安装情况，无任何输出表示未安装
```

```
[root@centos7 tmp]# rpm -ivh ntfs-3g-2017.3.23-11.el7.x86_64.rpm          \\安装 NTFS-3G
警告：ntfs-3g-2017.3.23-11.el7.x86_64.rpm: 头 V3 RSA/SHA256 Signature, 密钥 ID 352c64e5:
NOKEY
准备中...                                 ################################# [100%]
正在升级/安装...
    1:ntfs-3g-2:2017.3.23-11.el7          ################################# [100%]
[root@centos7 tmp]# rpm -qa|grep ntfs         \\查看 NTFS-3G 安装情况
ntfs-3g-2017.3.23-11.el7.x86_64               \\表示已安装
[root@centos7 tmp]# fdisk –l                   \\查看 USB 设备连接情况，USB 设备名/dev/sdc
...(省略部分)
磁盘 /dev/sdc：8022 MB, 8022654976 字节，15669248 个扇区
Units = 扇区 of 1 * 512 = 512 bytes
扇区大小(逻辑/物理)：512 字节 / 512 字节
I/O 大小(最小/最佳)：512 字节 / 512 字节
磁盘标签类型：dos
磁盘标识符：0x74e26d76
设备 Boot         Start        End          Blocks      Id      System
/dev/sdc1         32           15669247     7834608     7       HPFS/NTFS/exFAT
[root@centos7 tmp]# mount -t ntfs-3g /dev/sdc1 /NTFS_dir/     \\挂载 NTFS 格式的 U 盘
[root@centos7 tmp]# mount |grep "^/dev/sdc1"                 \\查看挂载结果
/dev/sdc1 on /NTFS_dir type fuseblk (rw,relatime,user_id=0,group_id=0,allow_other,blksize=4096)
[root@centos7 tmp]# ls /NTFS_dir/                             \\访问 NTFS 设备
mydir   System Volume Information   test.txt
```

6.3.6　实现开机自动挂载

使用 mount 命令对磁盘设备的挂载为手动挂载，其特点之一是可立即使用文件系统，但是系统在重启后挂载将会失效，即每次开机之后都需要手动挂载一下。如果需要实现磁盘设备开机自动挂载，则需要把相关信息按照指定的格式编辑到/etc/fstab 文件中。/etc/fstab 用来存放文件系统的静态信息文件，当系统启动的时候，系统会自动地从这个文件读取信息，并且会自动将此文件中指定的文件系统挂载到指定的目录。

查看/etc/fstab 文件：

```
[root@centos7 ~]# cat /etc/fstab
......注释信息
/dev/mapper/centos_centos7-root /                    xfs        defaults        0 0
UUID=036364bd-9a48-4fc2-8e8f-db40a712aad4 /boot      xfs        defaults        0 0
/dev/mapper/centos_centos7-swap swap                 swap       defaults        0 0
```

/etc/fstab 文件主要包括 6 个字段，依次是：
设备文件　挂载目录　格式类型　权限选项　dump 选项　自检选项

各字段含义如表 6-5 所示。

表 6-5　/etc/fstab 文件中各字段及其含义

选　项	功　能
设备文件	要挂载的分区或存储设备。例如/dev/sda1，也可以写 UUID(universally unique identifier，唯一识别码)，通过 blkid 命令来查看 UUID
挂载目录	挂载的目录位置，即挂载点，必须提前创建好
格式类型	挂载分区的文件系统类型，比如 ext3、ext4、xfs、swap
权限选项	文件系统的参数，一般默认设置为 defaults，同时具有 rw,suid,dev,exec,auto, nouser, async 等默认参数的设置
dump 选项	能否被 dump 备份命令作用。dump 是一个用来作为备份的命令。通常这个参数的值为 0 或者 1 0 代表不做 dump 备份 1 代表要每天进行 dump 备份 2 代表不定期进行 dump 操作
是否检验扇区	开机的过程中，系统默认会以 fsck 命令检验我们的系统是否完整(clean) 0 不要检验 1 最早检验(一般根目录会选择最早检验) 2 1 级别检验完成后进行检验

特别注意的是，在修改了/etc/fstab 文件的情况下，当我们不需要再挂载这个文件系统并将它卸载后，一定要及时修改/etc/fstab 文件。否则，当开机时读取/etc/fstab 挂载已经卸载了的文件系统会因为找不到那个文件系统出现错误，导致不能正常开机。

例如：把/dev/sdb1 设置成开机自动挂载。

```
[root@centos7 ~]# mkdir /mnt/sdb1point          \\创建挂载点
[root@centos7 ~]# vim /etc/fstab                \\编辑/etc/fstab 文件
\\在 fstab 文件末行添加自动加载信息并保存退出 vim
/dev/sdb1        /mnt/sdb1point   ext4     defaults      0 0
[root@centos7 ~]# mount –a                      \\重新加载/etc/fstab
[root@centos7 ~]# mount |grep "^/dev/sdb1"      \\查看是否挂载/dev/sdb1 成功
/dev/sdb1 on /mnt/sdb1point type ext4 (rw,relatime,seclabel,data=ordered)
```

任务 6.4　df、du 命令

6.4.1　df 命令

df、du 命令

命令格式：df　[选项]　文件或目录

命令功能：df 命令用于列出磁盘被占用了多少空间，目前还剩下多少空间等信息。如果没有指定磁盘文件，则所有当前被挂载的文件系统的可用空间都被显示。因此，也可使用 df 命令来查看所指定磁盘分区是否被挂载。默认情况下，磁盘空间将以 1 KB 为单位进行显示。

df 命令常用选项如表 6-6 所示。

表 6-6　df 命令常用选项

选　　项	功　　能
-a	全部文件系统列表
-h	方便阅读方式显示(单位：GB)
-H	等于"-h"，但是计算方式为 1K=1000，而不是 1K=1024
-i	显示 inode 信息
-k	方便阅读方式显示(单位：KB)
-m	方便阅读方式显示(单位：MB)
-T	显示文件系统类型
-t　<文件系统类型>	只显示选定文件系统的磁盘信息
-x　<文件系统类型>	不显示选定文件系统的磁盘信息
-help	显示帮助信息

例如：以方便阅读的方式显示当前系统磁盘空间的使用情况并显示文件系统的类型。

```
[root@centos7 ~]# df –hT        \\显示系统所有的磁盘使用情况
文件系统               类型       容量    已用    可用   已用%   挂载点
/dev/mapper/centos_centos7-root xfs      17G    3.2G   14G    19% /
…(省略部分)
/dev/loop0      iso9660    362K    362K    0      100%   /mnt/vcdrom
/dev/sr0        iso9660    4.3G    4.3G    0      100%   /media/cdrom
/dev/sdc1       fuseblk    7.5G    24M     7.5G   1%     /NTFS_dir
/dev/sdb1       ext4       976M    2.6M    907M   1%     /mnt/sdb1point
[root@centos7 ~]# df –ih        \\显示 inode 使用情况
文件系统          Inode   已用(I)  可用(I)  已用(I)%  挂载点
…(省略部分)
/dev/loop0      0       0       0       -       /mnt/vcdrom
/dev/sr0        0       0       0       -       /media/cdrom
/dev/sdc1       7.6M    35      7.6M    1%      /NTFS_dir
/dev/sdb1       64K     11      64K     1%      /mnt/sdb1point
[root@centos7 ~]# df -t ext4    \\显示文件系统类型为 ext4 的分区
文件系统          1K-块    已用    可用    已用%   挂载点
/dev/sdb1       999320  2564 927944   1%      /mnt/sdb1point
[root@centos7 ~]# df /dev/sdb1  \\单独显示/dev/sdb1 空间使用情况
文件系统          1K-块    已用    可用    已用%   挂载点
/dev/sdb1       999320  2564 927944   1%      /mnt/sdb1point
```

6.4.2　du 命令

命令格式：du　[选项]　文件或目录

命令功能：du 命令用于查看某个目录(文件)所占磁盘空间的大小。

du 命令常用选项如表 6-7 所示。

表 6-7　du 命令常用选项

选　项	功　能
-a	全部文件与目录大小
-h	以 K，M，G 为单位，提高信息的可读性
-c	除了显示目录或文件的大小外，同时还显示所有目录或文件的总和
-s	仅显示总计，即当前目录的大小
-k	以 KB 为单位输出，和默认值一样
-m	以 MB 为单位输出
-T	显示文件系统类型
-help	显示帮助信息

例如：

```
[root@centos7 ~]# du /etc                    \\查看/etc 目录的使用情况
16       /etc/fonts/conf.d
24       /etc/fonts
…(省略部分)
[root@centos7 ~]# du /etc | sort -nr |more   \\查看/etc 目录下的文件大小并进行排序
36940 /etc
18672 /etc/selinux
18664 /etc/selinux/targeted
…(省略部分)
[root@centos7 ~]# du -s /etc                  \\查看/etc 目录本身大小
36940 /etc
```

实 训　磁 盘 管 理

1. 实训目的

(1) 了解磁盘的类型。

(2) 了解磁盘和分区的命名规则。

(3) 掌握如何对磁盘进行分区。

(4) 掌握如何创建文件系统。

(5) 掌握挂载方法。

(6) 掌握如何访问外部移动存储器。

2．实训内容

(1) 给 Linux 系统添加第二块 SCSI 磁盘，磁盘大小为 20 GB。

(2) 为新增第二块磁盘进行分区。分成 3 个主分区，大小都为 1 GB，其中 sdb2 为 vfat 文件类型，其余分区都是 Linux 类型，其他剩余空间都指派给扩展分区。

(3) 在扩展分区上创建 2 个逻辑分区，大小都为 2 GB，使用默认文件类型。

(4) 查看分区结果，sdb2 分区变更为 Linux 文件类型，sdb5 分区变更为 vfat 文件类型。

(5) 对新建分区创建文件系统。

(6) 在/mnt 目录下创建 5 个挂载点。

(7) 把每个分区挂载到相应的挂载点。

(8) 编辑/etc/fstab 配置文件，实现文件系统开机自动挂载。

(9) 连接文件系统为 FAT32 的 U 盘，然后进行挂载访问。

(10) 安装 NTFS-3g 组件，连接文件系统为 NTFS 的 U 盘，然后进行挂载访问。

3．实训要求

(1) 按题目要求写出相应操作，操作结果以"文字+截图"的方式保存。

(2) 总结实训心得和体会。

练 习 题

一、填空题

1. 在 Linux 系统中，把 SCSI/SATA/SAS/SSD/U 盘等设备都当成＿＿＿＿＿＿＿＿＿。

2. 在 Linux 系统中，主分区只能有＿＿＿＿＿＿＿＿个。

3. 在实际生产过程中，为了增加分区的数量，我们需要把其中一个主分区设置成＿＿＿＿＿＿＿。

4. 磁盘在完成分区操作之后，必须进行＿＿＿＿＿＿＿＿操作才可能被使用。

5. 挂载其实就是给分区设备一个＿＿＿＿＿＿＿＿入口。

二、选择题

1. 存储等外部设备一般存放在哪个目录之下？（　　　）

A. /lib　　　　　B. /dev　　　　　C. /bin　　　　　D. /etc

2. 将第二块 SCSI 磁盘分区号为 2 的分区格式化为 ext4 的命令是（　　　）。

A. mkfs.ext4 /dev/sdb2

B. mkfs -type ext4 /dev sdb2

C. mkfs -t ext4 sdb2

D. mkfs.ext4 sdb

3. 对第二块 SCSI 磁盘进行分区的命令是（　　　）。

A. fdisk sdb　　　　B. fdisk /dev/sdb　　　　C. fdsik /dev/sdb2　　　　D. fdisk /dev/sdb2

4. 把/dev/sdb1 以 ext4 的文件类型挂载到目录/mnt/point 的命令是（　　　）。

  A. mount -t ext4 /dev/sdb1 /point

  B. mount ext4 /dev/sdb1 /mnt/point

  C. mount -type ext4 /dev/sdb1 /mnt/point

  D. mount -t ext4 sdb1 point

5. 对 Linux 文件系统的自动挂载，其配置工作是在(　　　)文件中完成。

  A. /dev/sdb1　　　　B. /etc/fstab　　　　C. /etc/inittab　　　　D. /dev/inittab

项目七　网络配置与管理

 项目内容

　　本项目主要讲 Linux 系统的网络配置与管理。包括虚拟机网络连接模式，虚拟机的各种虚拟网络设备，以及如何通过命令和配置文件设置系统的 IP 地址等网络参数。最后介绍如何通过 Telnet 和 xshell 进行远程连接。

 思维导图

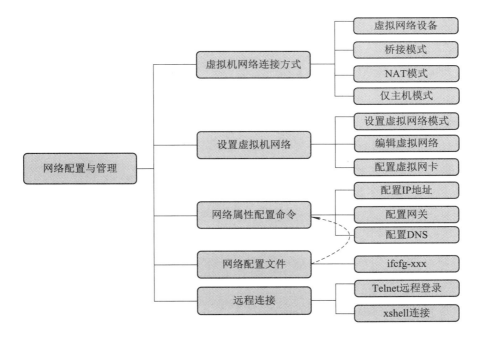

 能力目标和要求

　　(1) 理解虚拟机各种虚拟网络设备。
　　(2) 掌握虚拟机的网络连接模式。
　　(3) 重点掌握网络属性配置命令。

(4) 重点掌握网络配置文件的内容。

(5) 掌握如何进行远程连接。

任务 7.1　虚拟机网络连接方式

VMware Workstation 虚拟机网络连接方式有桥接模式、NAT 模式、仅主机模式、自定义: 特定虚拟网络、LAN 网段五种，常用的网络连接方式主要是前三种。

7.1.1　虚拟网络设备

VMware 虚拟机需要借助相应的虚拟网络设备才能联网，如表 7-1 所示。

表 7-1　虚拟网络设备

虚拟网络设备	作　　　用
VMnet0	VMnet0 用于"桥接模式"网络下的虚拟交换机
VMnet1	VMnet1 用于"仅主机模式"网络下的虚拟交换机
VMnet8	VMnet8 用于"NAT 模式"网络下的虚拟交换机
VMware Network AdepterVMnet1	在"仅主机模式"网络下，用于物理主机与虚拟主机之间进行通信的虚拟网卡
VMware Network AdepterVMnet8	在"NAT 模式"网络下，用于物理主机与虚拟主机之间进行通信的虚拟网卡

在菜单"虚拟网络编辑器"中可查看虚拟交换机，如图 7-1 所示。在 Windows 操作系统的"网络连接"面板中，可查看虚拟网卡，如图 7-2 所示。

图 7-1　查看虚拟交换机

图 7-2　查看虚拟网卡

7.1.2　桥接模式

　　桥接模式网络连接通过使用主机系统上的网络适配器将虚拟机连接到网络。如果主机系统位于网络中，桥接模式网络连接通常是虚拟机访问该网络的最简单途径。当 Workstation Pro 安装到物理主机系统时，系统会设置一个桥接模式网络(VMnet0)。

　　在桥接模式下，虚拟机的网络配置必须与物理主机一致，即 IP 地址与物理主机在同一个网段，网关、DNS 与物理主机相同，其网络结构如图 7-3 所示。

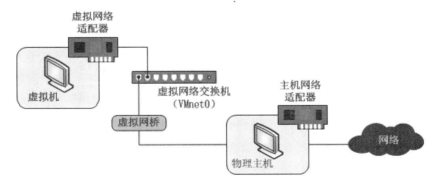

图 7-3　桥接模式网络结构

7.1.3　NAT 模式

　　NAT 模式也叫地址置换模式，使用 NAT 模式网络时，虚拟机在外部网络中不必具有自己的 IP 地址。主机系统上会建立单独的专用网络。在默认配置中，虚拟机会在此专用网络中通过 DHCP 服务器获取地址。虚拟机和主机系统共享一个网络标识，此标识在外部网络中不可见。当 Workstation Pro 安装到物理主机系统时，系统会设置一个 NAT 模式网络(VMnet8)。在使用新建虚拟机向导创建新的虚拟机并选择典型配置类型时,该向导会将虚拟机配置为使用默认 NAT 网络。

因此,当网络上的 IP 地址不足,或只想虚拟机访问外网而不希望外网访问虚拟机时,一般使用此网络模式,其网络结构如图 7-4 所示。

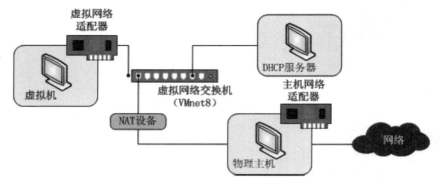

图 7-4　NAT 模式网络结构

7.1.4　仅主机模式

仅主机模式与 NAT 模式相似,只是没有 NAT 服务,该模式可创建完全包含在主机中的网络。仅主机模式网络连接使用对主机操作系统可见的虚拟网络适配器,在虚拟机和主机系统之间提供网络连接。当 Workstation Pro 安装到物理主机系统时,系统会设置一个仅主机模式网络(VMnet1)。

因此,当希望虚拟机隔绝外网时,一般使用此网络模式,其网络结构如图 7-5 所示。

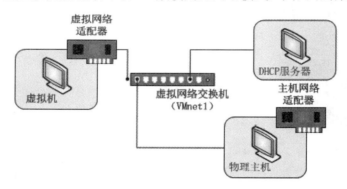

图 7-5　仅主机模式网络结构

任务 7.2　设置虚拟机网络

7.2.1　设置虚拟网络模式

设置虚拟机网络

根据实验或生产环境的需求,可设置虚拟机的网络连接模式。在 VMware Workstation

Pro 管理界面中点击"编辑虚拟机设置"，如图 7-6 所示。在弹出的"虚拟机设置"对话框的硬件标签页中，选择"网络适配器"，在右侧的"网络连接"中即可根据需求选择对应的网络连接模式，如图 7-7 所示。最后点击【确定】按钮，完成设置。

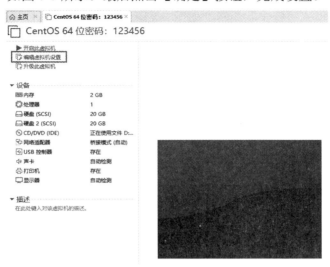

图 7-6　编辑虚拟机设置

图 7-7　网络连接模式设置

注：如果物理网络中存在 DHCP 服务器及物理网络 IP 地址足够充沛，则允许虚拟机在物理网络中作为一台独立的主机存在，此时，网络连接模式设置为桥接模式会比较方便。

如果物理网络中不存在 DHCP 服务器，物理网络 IP 地址也不够充沛，也不想让物理网络中的其他主机访问虚拟机时，网络连接模式设置为 NAT 模式会比较方便。

桥接模式和 NAT 模式都允许虚拟机访问物理网络。如果不想让虚拟机访问物理网络，仅允许与物理主机进行通信时，网络连接模式设置为仅主机模式会更合适。

7.2.2　编辑虚拟网络

选择菜单"编辑"→"虚拟网络编辑器",在弹出的"虚拟网络编辑器"对话框中,可对三种网络连接模式进行定制编辑,如图 7-8 所示。

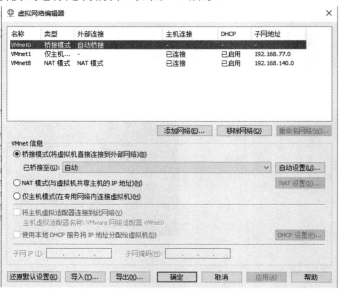

图 7-8　虚拟网络编辑器

1. 编辑桥接模式网络

桥接模式网络使用的是物理网络的 IP 地址,因此,虚拟机不提供 DHCP 功能。如果物理主机有多块网卡,则可在"虚拟网络编辑器"对话框中选择 VMnet0 虚拟交换机,单击"已桥接至(G)"下拉式菜单,选择物理主机上联的网卡,如图 7-9 所示。

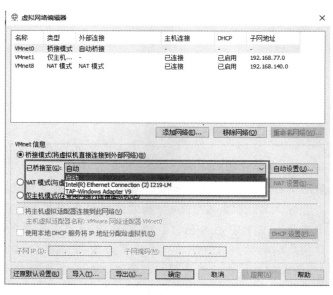

图 7-9　桥接模式设置

2. 编辑 NAT 模式网络

在 NAT 模式网络中，虚拟机内置了 DHCP 功能，虚拟主机可以通过 DHCP 自动获取 IP 地址、网关、DNS 等网络配置信息。

在"虚拟网络编辑器"对话框中选择 VMnet8 虚拟交换机，在"子网 IP"和"子网掩码"中输入相应的子网和掩码，如图 7-10 所示。

图 7-10　NAT 模式子网和子网掩码设置

点击"NAT 设置"，在弹出的 NAT 设置对话框中，设置 NAT 网关、DNS 等信息。网关的子网必须跟前面设置的子网一致，IP 地址不要设置为 DHCP 地址池范围内 IP，如图 7-11 所示。

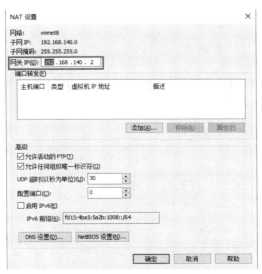

图 7-11　配置 NAT 网关

点击"DHCP 设置"按钮，在弹出的 DHCP 设置对话框中，设置 DHCP 起始 IP 地址、结束 IP 地址等信息，如图 7-12 所示。

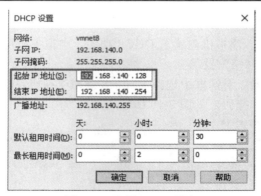

图 7-12   配置 DHCP 服务

3. 编辑仅主机模式网络

在"虚拟网络编辑器"对话框中选择 VMnet1 网络提供的 DHCP 服务进行设置，步骤和方法与编辑 NAT 模式网络一致。

7.2.3   配置虚拟网卡

VMware 虚拟软件安装时，会自动在物理主机生成两块虚拟网卡 VMware Network Adapter VMnet8 和 VMware Network Adapter VMnet1。其作用是用于虚拟主机与物理主机之间进行通信。VMware Network Adapter VMnet8 虚拟网卡对应"NAT 模式"，VMware Network Adapter VMnet1 虚拟网卡对应"仅主机模式"。默认情况下这两块网卡的 IP 地址都是自动获取，一般是对应网络子网段的第一个 IP，如图 7-13、图 7-14 所示。

图 7-13   VMware Network Adapter VMnet8 虚拟网卡 IP 地址信息

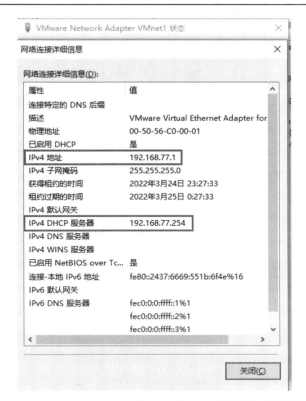

图 7-14　VMware Network Adapter VMnet1 虚拟网卡 IP 地址信息

注：不管虚拟主机选择的是哪个类型网络，一般情况下都不需要进行虚拟网络的配置，只要虚拟主机配置的 IP 地址跟对应类型的网络处于同一个网络都可以实现网络的连通。

任务 7.3　网络属性配置命令

一台主机如果想接入到互联网络，需要配置以下几个网络属性信息：

(1) 本地 IP 地址和子网掩码，以实现本地通信；

(2) 配置网关地址，以实现跨网络段通信；

(3) 配置 DNS 服务器地址，以实现基于主机名(域名)通信。

在 Linux 操作系统中，可使用 ifconfig、ip addr 等命令进行网络信息的配置。使用命令进行配置，配置可立即生效，但在重启网络服务或重启系统时，配置将会失效。如果需要永久保存配置信息，则需要通过编辑网络配置文件来实现。

7.3.1　配置 IP 地址

1. ifconfig 命令

命令格式：ifconfig 接口 [aftype] options | address ...

命令功能： ifconfig 属于 ifcfg 命令家族中的命令之一，可用于查看网络接口的状态以

配置 IP 地址

及配置常驻内核的网络接口信息。常用的参数如表 7-2 所示。

表 7-2　ifconfig 常用参数

参数名称	含　义
网络设备	网络设备的名称
down	关闭网络设备
up	启动网络设备
-arp	打开或关闭接口上使用的 ARP 协议
add<地址>	设置网络设备的 IP 地址
del<地址>	删除网络设备的 IP 地址
netmask<子网掩码>	设置网络设备的子网掩码
-broadcast<地址>	将要送往指定地址的数据包当成广播数据包来处理

注：参数前面加上一个负号用于关闭该选项。

例如：

```
[root@localhost ~]# ifconfig                              \\查看活动网络接口状态信息
ens33: flags=4163<UP,BROADCAST,RUNNING,MULTICAST>  mtu 1500        \\虚拟主机网卡
        ether 00:0c:29:34:18:d4   txqueuelen 1000   (Ethernet)
        RX packets 33869   bytes 28777579 (27.4 MiB)
        RX errors 0   dropped 0   overruns 0   frame 0
        TX packets 3158   bytes 303290 (296.1 KiB)
        TX errors 0   dropped 0 overruns 0   carrier 0   collisions 0

lo: flags=73<UP,LOOPBACK,RUNNING>    mtu 65536                     \\本地回环接口
...(省略部分)
virbr0: flags=4099<UP,BROADCAST,MULTICAST>    mtu 1500            \\虚拟网桥接口
...(省略部分)
[root@localhost ~]# ifconfig –a            \\查看所有网络接口(包含 down 接口)状态信息
ens33: flags=4163<UP,BROADCAST,RUNNING,MULTICAST>   mtu 1500
...(省略部分)
ens37: flags=4098<BROADCAST,MULTICAST>   mtu 1500                 \\非活动接口
...(省略部分)
lo: flags=73<UP,LOOPBACK,RUNNING>    mtu 65536
...(省略部分)
virbr0: flags=4099<UP,BROADCAST,MULTICAST>    mtu 1500
...(省略部分)
virbr0-nic: flags=4098<BROADCAST,MULTICAST>   mtu 1500            \\非活动接口
...(省略部分)
[root@localhost ~]# ifconfig ens37 up                             \\激活 ens37 网络接口
```

```
[root@localhost ~]# ifconfig ens37 down                  \\关掉 ens37 网络接口
[root@localhost ~]# ifconfig ens33 192.168.10.100/24\\以子网掩码长度配置ens33网络接口IP地址
[root@localhost ~]# ifconfig ens33                       \\查看 ens33 网卡配置情况
ens33: flags=4163<UP,BROADCAST,RUNNING,MULTICAST>    mtu 1500
         inet 192.168.10.100    netmask 255.255.255.0    broadcast 192.168.10.255
...(省略部分)
         TX errors 0    dropped 0 overruns 0    carrier 0    collisions 0
[root@localhost ~]# ifconfig ens33 192.168.10.110 netmask 255.255.255.0  \\以子网掩码方式配置
ens33 网络接口 IP 地址
[root@localhost ~]# ifconfig ens33
ens33: flags=4163<UP,BROADCAST,RUNNING,MULTICAST>    mtu 1500
         inet 192.168.10.110    netmask 255.255.255.0    broadcast 192.168.10.255
...(省略部分)
```

2. ip 命令

命令格式：ip [OPTIONS] OBJECT { COMMAND |help}

OBJECT={link|addr|route}

命令功能：ip 命令是 iproute2 家族中的一员，与 ifconfig 命令类似，但功能更强大，不仅可查看网络接口信息、配置网络接口 IP，还可进行路由的设置。

例如：

```
[root@localhost ~]# ip link show                        \\查看网络接口 IP 地址
...(省略部分)
2: ens33: <BROADCAST,MULTICAST,UP,LOWER_UP> mtu 1500 qdisc pfifo_fast state UP mode
DEFAULT qlen 1000                                       \\第一块网卡，未配置 IP 地址
         link/ether 00:0c:29:34:18:d4 brd ff:ff:ff:ff:ff:ff
...(省略部分)
5: ens37: <BROADCAST,MULTICAST> mtu 1500 qdisc pfifo_fast state DOWN mode DEFAULT
qlen 1000                                               \\第二块网卡，未配置 IP 地址
         link/ether 00:0c:29:34:18:de brd ff:ff:ff:ff:ff:ff
[root@localhost ~]# ip -s link show                     \\显示网络接口更详细信息
[root@localhost ~]# ip link show ens33                  \\单独显示第一块网卡信息
[root@localhost ~]# ip link set ens37 down              \\关掉第二块网卡
[root@localhost ~]# ip link set ens37 up                \\激活第二块网卡
[root@localhost ~]# ip address add 172.16.10.1/24 dev ens37
                   \\以子网掩码长度配置第二块网卡 IP 地址
[root@localhost ~]# ip address show ens37               \\查看配置结果
[root@localhost ~]# ip address del 192.168.140.131/24 dev ens37      \\删除第二块网卡其中的一个
IP 地址，使用 IP 命令配置 IP 地址，不会把前面的 ip 地址覆盖
[root@localhost ~]# ip address show ens37               \\查看结果
```

```
      5: ens37: <BROADCAST, MULTICAST, UP, LOWER_UP> mtu 1500 qdisc pfifo_fast state UP
qlen 1000
          link/ether 00:0c:29:34:18:de brd ff:ff:ff:ff:ff:ff
          inet 172.16.10.1/24 scope global ens37
             valid_lft forever preferred_lft forever
          inet6 fe80::7a28:863e:86df:304e/64 scope link
             valid_lft forever preferred_lft forever
      [root@localhost ~]# ip address add 172.16.10.100/255.255.255.0 dev ens37\\以子网掩码配置 ip 地址
```

7.3.2　配置网关

配置网关

要实现不同网段之间的通信，Linux 主机还必须配置网关 IP 地址。使用 route 命令和 ip route 命令都可完成网关 IP 地址的配置。本书只介绍 route 命令的使用方法。

命令格式：route [add|del]　[-net|-host]　target　[gw GW]　[[dev] If]

命令功能：查看或修改路由表信息。路由主要有三种类型：主机路由、网络路由、默认路由。

route 命令常用选项如表 7-3 所示。

表 7-3　route 命令常用选项

选　择	作　用
add	添加一条路由规则
del	删除一条路由规则
-net	目的地址是一个网络
-host	目的地址是一个主机
target	目的网络或主机
netmask	目的地址的网络掩码
gw	路由数据包通过的网关
dev	为路由指定的网络接口

例如：

```
[root@localhost ~]# ifconfig                              \\显示网卡接口信息
ens33: flags=4163<UP,BROADCAST,RUNNING,MULTICAST>    mtu 1500
          inet 10.131.2.210    netmask 255.255.240.0    broadcast 10.131.15.255
          inet6 fe80::20c:29ff:fe34:18d4    prefixlen 64    scopeid 0x20<link>
          ether 00:0c:29:34:18:d4    txqueuelen 1000    (Ethernet)
          RX packets 387    bytes 25136 (24.5 KiB)
          RX errors 0    dropped 15    overruns 0    frame 0
```

```
            TX packets 21    bytes 3091 (3.0 KiB)
            TX errors 0    dropped 0 overruns 0    carrier 0    collisions 0
    ens37: flags=4163<UP,BROADCAST,RUNNING,MULTICAST>    mtu 1500
            inet 192.168.140.132    netmask 255.255.255.0    broadcast 192.168.140.255
            inet6 fe80::7a28:863e:86df:304e    prefixlen 64    scopeid 0x20<link>
            ether 00:0c:29:34:18:de    txqueuelen 1000    (Ethernet)
            RX packets 169    bytes 15469 (15.1 KiB)
            RX errors 0    dropped 0    overruns 0    frame 0
            TX packets 102    bytes 11239 (10.9 KiB)
            TX errors 0    dropped 0 overruns 0    carrier 0    collisions 0
    ...(省略部分)
    [root@localhost ~]# route                    \\查看路由表信息
    Kernel IP routing table
```

Destination	Gateway	Genmask	Flags	Metric	Ref	Use Iface
default	gateway	0.0.0.0	UG	100	0	0 ens37
10.131.0.0	0.0.0.0	255.255.240.0	U	0	0	0 ens33
192.168.122.0	0.0.0.0	255.255.255.0	U	0	0	0 virbr0
192.168.140.0	0.0.0.0	255.255.255.0	U	100	0	0 ens37

```
    [root@localhost ~]# route –n               \\以 ip 地址方式显示路由表信息
    Kernel IP routing table
```

Destination	Gateway	Genmask	Flags	Metric	Ref	Use Iface
0.0.0.0	192.168.140.2	0.0.0.0	UG	100	0	0 ens37
10.131.0.0	0.0.0.0	255.255.240.0	U	0	0	0 ens33
192.168.122.0	0.0.0.0	255.255.255.0	U	0	0	0 virbr0
192.168.140.0	0.0.0.0	255.255.255.0	U	100	0	0 ens37

```
    [root@localhost ~]# route add -host 192.168.140.100 dev ens37    \\以接口方式添加主机路由
    [root@localhost ~]# route add -host 192.168.140.110 gw 192.168.140.2 \\以网关方式添加主机路由
    [root@localhost ~]# route add -net 192.168.144.0/24 gw 192.168.140.2 \\添加网络路由
    [root@localhost ~]# route add default gw 10.131.15.254               \\添加默认路由
    [root@localhost ~]# route del -net 192.168.144.0/24 gw 192.168.140.2  \\删除路由条目
```

7.3.3　配置 DNS

配置 DNS

　　DNS 也就是域名解析服务。如果想通过域名访问网络，则主机必须设置 DNS 服务的 IP 地址。在 Linux 系统中，有 3 个地方可设置 DNS 服务的 IP 地址，分别是/etc/hosts、/etc/sysconfig/network-scripts 下网卡对应的配置文件，如 ifcfg-ens33 和/etc/resolv.conf。它们的优先级顺序是：

　　　　hosts 文件→DNS 服务地址→resolv.conf 文件

其中，hosts 文件用于通过设置主机地址进行特定主机的解析，优先于 DNS 服务地址。

1. hosts 文件

hosts 文件是 Linux 系统中一个负责 IP 地址与域名快速解析的文件，与 Windows 系统下的 hosts 文件的功能相同。hosts 文件包含了 IP 地址和主机名之间的映射，还包括主机名的别名。在没有域名服务器的情况下，系统上的所有网络程序都通过查询该文件来解析对应于某个主机名的 IP 地址，否则就需要使用 DNS 服务来解析。通常可以将常用的域名和 IP 地址映射加入 hosts 文件中，以快速方便地访问。

hosts 文件的格式如下，每部分之间使用空格分隔：

　　IP 地址　主机名　主机别名

第一部分：IP 地址，即需要解析的主机其所配置的 IP 地址。

第二部分：主机名，主机名分为短主机名和长主机名，如是长主机名则需要输入包含域名的完整主机名。例如，www.test.com 中，www 为短主机名，test.com 为域名，www.test.com 为完整主机名。

第三部分：主机别名，即主机的其他名称。

例如：

```
[root@localhost ~]# cat /etc/hosts                \\查看 hosts 文件内容
127.0.0.1       localhost localhost.localdomain localhost4 localhost4.localdomain4
::1             localhost localhost.localdomain localhost6 localhost6.localdomain6
192.168.140.134   test www.test.com testhost        \\本行为手动添加
[root@localhost ~]# ping test                     \\测试 test 主机名
PING test (192.168.140.134) 56(84) bytes of data.
64 bytes from test (192.168.140.134): icmp_seq=1 ttl=64 time=0.032 ms
64 bytes from test (192.168.140.134): icmp_seq=2 ttl=64 time=0.097 ms
^C
--- test ping statistics ---
2 packets transmitted, 2 received, 0% packet loss, time 999ms
rtt min/avg/max/mdev = 0.032/0.064/0.097/0.033 ms
[root@localhost ~]# ping www.test.com             \\测试域名
PING test (192.168.140.134) 56(84) bytes of data.
64 bytes from test (192.168.140.134): icmp_seq=1 ttl=64 time=0.032 ms
64 bytes from test (192.168.140.134): icmp_seq=2 ttl=64 time=0.052 ms
^C
--- test ping statistics ---
2 packets transmitted, 2 received, 0% packet loss, time 999ms
rtt min/avg/max/mdev = 0.032/0.042/0.052/0.010 ms
[root@localhost ~]# ping testhost                 \\测试主机别名
PING test (192.168.140.134) 56(84) bytes of data.
64 bytes from test (192.168.140.134): icmp_seq=1 ttl=64 time=0.035 ms
64 bytes from test (192.168.140.134): icmp_seq=2 ttl=64 time=0.046 ms
```

注：需要手动按 Ctrl+c 来中断 ping 命令的运行。

2. resolve.conf 文件

resolve.conf 文件用于配置 Linux 系统的 DNS 服务，包含四个关键字，如表 7-4 所示。其格式为每行以一个关键字开头，后接一个或多个由空格隔开的参数。

表 7-4　resolve.conf 的常用参数

参　数	作　用
nameserver	定义 DNS 服务器的 IP 地址，可以有多行 nameserver，查询时按 nameserver 在文件中的顺序进行，且只有当第一个 nameserver 没有反应时才查询下一个 nameserver。该关键字是必选项，以下其他三个关键字为可选项
domain	定义本地域名，用于没有域名的主机以主机名进行查询
search	定义域名的搜索列表。当查询没有域名的主机时，主机将在 search 声明的域中分别查找。domain 和 search 不能共存；如果同时存在，则后面出现的将会被使用
sortlist	对返回的域名进行排序

例如：

```
[root@localhost ~]# cat /etc/resolv.conf          \\查看 resolve.conf 文件内容
# Generated by NetworkManager                      \\注释行
search localdomain                                 \\查询主机名
nameserver 192.168.140.2                           \\DNS 服务器对应 IP 地址
```

注：DNS 跟网络服务是无关的，不需要重启网络服务。但是跟网络管理器(Network Manager)服务有关。当配好 resolv.conf 文件后，如过了一会，发现刚才配置好的 DNS 又失效了，是因为 DNS 被系统重新覆盖或者被清除。此时需修改/etc/NetworkManager/Network Manager.conf 配置文件如下：

```
[main]
plugins=ifcfg-rh
dns=none                                           \\增加配置行
```

任务 7.4　网络配置文件

任务 7.3 中网络配置命令配置的结果只是临时有效，系统在重启之后配置将失效。为了让网络配置永久生效，可对网卡的配置文件进行永久性配置。对 RHEL/CentOS 系统而言，网卡的配置文件都保存在/etc/sysconfig/network-scripts 目录下，其名称以 ifcfg-开头。通过配置文件设置 IP 地址后，需要重启网络服务或重启系统后方可生效。网卡配置文件里常见的配置参数的作用如表 7-5 所示。

网络配置文件

表 7-5　网卡配置文件中的配置参数

配置参数	作　　用
TYPE	定义网卡类型，一般是 Ethernet
BOOTPROTO	定义获取 IP 地址的方式。dhcp 表示动态获取，static 或 none 表示静态手工配置
DEFROUTE	是否设置默认路由。若为 yes 则表示通过 IPADDR 和 PREFIX 两个参数进行网关设置
PREFIX	子网掩码长度
NAME	用户设置的网卡名，可自定义
UUID	通用唯一识别码，如果有网卡则从网卡 MAC 地址获得，如果没有网卡则以其他方式获得。若 vmware 克隆的虚拟机无法启动网卡，则可以去除此项
DEVICE	网卡设备名称，与 NAME 值一致
ONBOOT	开机启动时是否激活网卡设备
HWADDR	以太网硬件(MAC)地址
NM_CONTROLLED	是否通过 Network Manager 管理网卡设备
IPADDR	设置网卡对应的 IP 地址，启动网络服务，网卡激活后会自动将该地址配置到网卡上，此时设置 BOOTPROTO=static
GATEWAY	该网卡配置的 IP 对应的网关(默认路由)，若主机是多网卡设备，则该参数只能在一个网卡的配置文件里面出现
DNS1	主 DNS 地址。此值优先于/etc/resolv.conf 中设置的 DNS 服务器的地址，需要和 PEERDNS=no 配合使用
DNS2	次 DNS 地址。只有 DNS1 服务器无响应时，次 DNS 服务才会启用。此值优先于/etc/resolv.conf 中设置的 DNS 服务器的地址，需要和 PEERDNS=no 配合使用
PEERDNS	如果通过 DHCP 获取 IP，则需要确定是否将 DNS 信息覆盖写入/etc/resolv.conf 文件中
NETMASK	配置 IP 地址子网掩码
USERCTL	是否允许非 root 用户控制该设备

例如：

```
[root@localhost network-scripts]# ll                          \\查看网卡配置文件
总用量 232
-rw-r--r--. 1 root root      309 3 月    14 2019 ifcfg-ens33      \\网卡 ens33 配置文件
-rw-r--r--. 1 root root      254 9 月    12 2016 ifcfg-lo
…(省略部分)
[root@localhost network-scripts]# vim ifcfg-ens33
TYPE=Ethernet
BOOTPROTO=static
DEFROUTE=yes
PEERDNS=no
```

```
PEERROUTES=yes
IPV4_FAILURE_FATAL=no                              \\IPV4 是否检测致命错误
IPV6INIT=yes                                       \\IPV6 自动初始化
IPV6_AUTOCONF=yes                                  \\IPV6 自动配置
IPV6_DEFROUTE=yes                                  \\IPV6 默认路由
IPV6_PEERDNS=yes                                   \\IPV6 地址生成模型
IPV6_PEERROUTES=yes
IPV6_FAILURE_FATAL=no
IPV6_ADDR_GEN_MODE=stable-privacy
NAME=ens33
UUID=2e1bc125-3455-4344-aa1d-48d3c27fd613
DEVICE=ens33
ONBOOT=yes
IPADDR=192.168.140.100
NETMASK=255.255.255.0
PREFIX=24
GATEWAY=192.168.140.2
DNS1=192.168.39.252
DNS2=8.8.8.8
[root@localhost network-scripts]# systemctl restart network.service        \\重启网络服务
[root@localhost network-scripts]# ifconfig ens33                           \\查询配置结果
ens33: flags=4163<UP,BROADCAST,RUNNING,MULTICAST>    mtu 1500
           inet 192.168.140.100    netmask 255.255.255.0    broadcast 192.168.140.255
…(省略部分)
```

注：CentOS7 系统在添加第二块网卡 ens37 时，不会自动生成 ifcfg-ens37 配置文件。此时，可把 ifcfg-ens33 复制成 ifcfg-ens37，使用 nmcli con show 命令查看网卡 UUID 信息，使用 ifconfig 命令查看网卡 MAC 地址，随后把配置文件里与硬件有关的信息修改成 ens37 的信息即可。

任务 7.5 远 程 连 接

通过远程连接登录的方式，可以在有网络的地方远程登录服务器进行管理。

远程连接

7.5.1 Telnet 远程登录

Telnet 是 TCP/IP 协议族中用于 Internet 远程登录的标准协议，通过此协议可以让我们在自己的计算机上远程操纵主机。但 Telnet 使用的是明文传输，安全性比较差。

1. 查询 Telnet

CentOS7 系统默认是没有安装 Telnet 程序的，可以使用 rpm 命令进行查询。

> [root@localhost ~]# **rpm -qa|grep telnet** \\检查是否安装了 Telnet 和 Telnet-server
>
> [root@localhost ~]# **rpm -qa xinetd**　　\\检查是否安装了 xinetd，因为 Telnet 的自启动依赖它

如果执行结果没有任何输出，那么说明机器上没有安装 Telnet 和 Xinetd。

说明：Xinetd 是一个守护进程。守护进程是用来监视 Telnet 运行的，它会对所有的服务都进行记录并保存到日志文件/var/adm/xinetd.log 中。Xinetd 的配置文件为/etc/xinetd.conf。

2. 安装 Telnet

Telnet 是一个客户/服务系统，需要安装服务器端和客户端。配置本地 yum 源，使用以下命令完成 Telnet 的安装：

> [root@localhost ~]# **yum -y install telnet-server**　　　　\\安装 Telnet-server 服务端
>
> [root@localhost ~]# **yum -y install telnet**　　　　　　　　\\安装 Telnet 客户端
>
> [root@localhost ~]# **yum -y install xinetd**　　　　　　　　\\安装 xinetd 守护进程

3. 配置开机自启动

> [root@localhost ~]# **systemctl enable telnet.socket**　　　\\设置 Telnet 开机自启动
>
> [root@localhost ~]# **systemctl enable xinetd**　　　　　　\\设置 xinetd 开机自启动
>
> [root@localhost ~]# **systemctl start xinetd**　　　　　　　\\开启 xinetd 服务
>
> [root@localhost ~]# **systemctl start telnet.socket**　　　　\\开启 Telnet 服务
>
> [root@localhost ~]# **systemctl status xinetd.service**　　　\\查看 xinetd 状态
>
> 　　xinetd.service - Xinetd A Powerful Replacement For Inetd
>
> 　　Loaded: loaded (/usr/lib/systemd/system/xinetd.service; enabled; vendor preset: enabled)
>
> 　　Active: **active** (running) since 日 2022-04-03 00:18:03 CST; 1min 54s ago
>
> 　　Process: 34296 ExecStart=/usr/sbin/xinetd -stayalive -pidfile /var/run/xinetd.pid $EXTRAOPTIONS
>
> (code=exited, status=0/SUCCESS)
>
> 　　Main PID: 34297 (xinetd)
>
> 　　CGroup: /system.slice/xinetd.service
>
> 　　　　　└─34297 /usr/sbin/xinetd -stayalive -pidfile /var/run/xinetd.pid
>
> …(省略部分)
>
> [root@localhost ~]# **systemctl status telnet.socket**　　　\\查看 Telnet 状态
>
> 　　telnet.socket - Telnet Server Activation Socket
>
> 　　Loaded: loaded (/usr/lib/systemd/system/telnet.socket; enabled; vendor preset: disabled)
>
> 　　Active: **active** (listening) since 日 2022-04-03 00:18:24 CST; 2min 15s ago
>
> …(省略部分)
>
> [root@localhost ~]# **systemctl stop firewalld.service**　　\\停止防火墙服务
>
> [root@localhost ~]# **vim /etc/pam.d/remote**　　　　　　\\编辑 remote 文件
>
> #%PAM-1.0

```
#auth           required        pam_securetty.so           \\把 root 远程登录 tty 认证注释掉，否则无法
                                                             使用 root 用户 Telnet 登录
auth            substack        password-auth
auth            include         postlogin
[root@localhost ~]# telnet 192.168.140.100                  \\Telnet 登录 Linux 主机
Trying 192.168.140.100...
Connected to 192.168.140.100.
Escape character is '^]'.

Kernel 3.10.0-514.el7.x86_64 on an x86_64
test login: root                                            \\输入 Telnet 登录用户名 root
Password:                                                   \\输入 root 账号和密码，此处不回显
Last failed login: Sun Apr   3 00:25:11 CST 2022 from ::ffff:192.168.140.100 on pts/1
There was 1 failed login attempt since the last successful login.
Last login: Tue Mar 29 00:51:07 on :0
[root@test ~]#                                              \\按 Ctrl+]组合键退出登录
telnet> quit                                               \\输入 quit 命令退出 Telnet 远程登录
Connection closed.
[root@localhost ~]#
```

4. Windows 系统端配置

打开 Windows 系统的"控制面板"，选择"程序和功能"项，选择"启用或关闭 Windows 功能"，如图 7-15 所示。在弹出的"Windows 功能"对话框中，勾选"Telnet Client"，如图 7-16 所示。点击【确定】按钮，启用 Telnet 功能。

图 7-15 启用或关闭 Windows 功能

图 7-16　添加 Telnet 客户端

　　按 Win+R 组合键，输入 cmd 打开命令提示符窗口，Telnet 连接 Linux 主机，如图 7-17 所示。在随后的提示符中输入 root 账号及密码，完成 Telnet 登录，如图 7-18 所示。

图 7-17　命令提示符

图 7-18　Telnet 登录 Linux 主机

7.5.2　xshell 连接

　　基于 Telnet 的明文传输安全性差的问题，一般建议使用 SSH 协议进行远程连接。而 xshell 软件正是基于 SSH 协议的一款功能强大的安全终端模拟软件。

　　xshell 可以在 Windows 界面下访问远端不同系统下的服务器，从而较好地达到远程控制终端的目的。除此之外，其还有丰富的外观配色方案以及样式选择。

　　终端用户经常需要在任何给定的时间中运用多个终端会话，以及与不同主机比较终端输出或者给不同主机发送同一组命令。xshell 则可以解决这些问题。此外，xshell 还有方便用户的功能，如标签环境、广泛拆分窗口、同步输入和会话管理，用户可以节省下来时间做其他工作。

xshell 支持 vt100、vt220、vt320、xterm、Linux、scoansi 和 ANSI 终端仿真，提供了各种终端外观选项，以取代传统的 Telnet 客户端。

1. 获取 xshell 软件

用户可从 https://xshell.en.softonic.com/下载 xshell 安装包，使用默认配置即可完成安装。由于 xshell 软件侦听的是 22 端口，因此，Linux 服务器需要打开 22 端口。

```
[root@localhost xinetd.d]# netstat -tplan |grep 22          \\查看服务器是否侦听 22 端口，可看到
22 端口已经处于侦听状态
    tcp    0   0 192.168.122.1:53        0.0.0.0:*        LISTEN      1663/dnsmasq
    tcp    0 0 0.0.0.0:22               0.0.0.0:*        LISTEN      1090/sshd
    tcp6   0   0 :::22                   :::*             LISTEN      1090/sshd
```

2. 启动 xshell 配置连接

启动 xshell 软件，选择"文件"→"新建"菜单，将弹出"新建会话属性"对话框。在该对话框中，名称栏可以自定义，协议项选择 SSH，主机填写需要连接 Linux 主机的 IP 地址，端口号选择 22，勾选"连接异常关闭时自动重新连接"，单击【确定】按钮，如图 7-19 所示。

图 7-19 "新建会话属性"窗口

3. 配置用户名和密码

在 xshell 会话管理器窗格中，选择前面所创建的会话"xshell to CentOS 7"，单击鼠标

右键，选择"属性"，在出现的下拉菜单中点击"属性"，在弹出的"xshell to CentOS 7 属性"对话框中选择"用户身份验证"选项，在"用户名"栏输入 root，在密码栏输入 root 用户的密码，然后点击【连接】按钮，如图 7-20 所示。

图 7-20　设置用户身份验证

此时，xshell 开始连接 Linux 主机，如图 7-21 所示，表示连接成功。此时，远程登录 Linux 主机成功，即可开始进行远程操作。

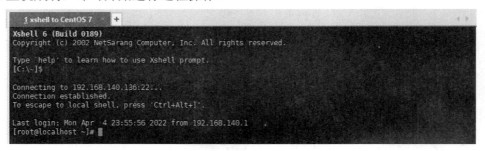

图 7-21　远程登录 Linux 主机

实训　网络配置与管理

1．实训目的

(1) 理解虚拟机的各种虚拟网络设备。

(2) 掌握虚拟机的网络连接模式。

(3) 重点掌握网络属性配置的命令。

(4) 重点掌握网络配置文件的内容。

(5) 掌握如何进行远程连接。

2. 实训内容

(1) 把虚拟机的网络模式设置成 NAT 模式。

(2) 配置 VMware Network AdepterVMnet8 虚拟网络，使其与 Linux 主机位于同一网段。

(3) 使用 ifconfig 命令，配置 Linux 主机的 IP 地址为 192.168.10.学号。

(4) 使用 ip 命令，配置 Linux 主机的 IP 地址为 192.168.10.学号+100。

(5) 使用 route 命令添加默认网关为 192.168.10.250。

(6) 在 hosts 文件中，添加 www.test.com 主机的 IP 地址为 192.168.100.1。

(7) 修改 resolve.conf 文件，配置 DNS 为 8.8.8.8。

(8) 使用前面的参数修改网络配置文件，并重启网络服务进行验证。

(9) 配置 Telnet 远程登录。

(10) 配置 xshell 远程登录。

3. 实训要求

(1) 按题目要求写出相应操作，操作结果以"文字+截图"的方式保存。

(2) 总结实训心得和体会。

练 习 题

一、填空题

1. 在 VMware workstation 虚拟软件中，虚拟网络设备有_____、_____、_____、_____、_____。

2. 如果系统需要连接互联网上网，则最基本的配置有_____、_____、_____。

3. 配置 DNS 的配置文件有_____、_____。

4. 在 Linux 系统中，网络配置文件一般保存在_____的目录下。

5. 常用的远程登录软件有_____、_____。

二、选择题

1. 查看网络接口(包含 down 状态)状态信息的命令是(　　)。

A. ifconfig　　　　　B. ifconfig -a　　　　C. ipconfig -a　　　　D. ipconfig

2. 在 Linux 系统中，解析 DNS 的顺序是(　　)。

A. hosts 文件 → 网卡配置文件 DNS 服务地址 →resolv.conf 文件

B. 网卡配置文件 DNS 服务地址 →hosts 文件 →resolv.conf 文件

C. hosts 文件 →resolv.conf 文件 → 网卡配置文件 DNS 服务地址

D. resolv.conf 文件 → 网卡配置文件 DNS 服务地址 →hosts 文件

3. 把 192.168.0.250 添加为默认网关的命令是(　　)。

A. route add default gateway192.168.0.250

   B.　route add default gw 192.168.0.250

   C.　route add df gw 192.168.0.250

   D.　route add gw 192.168.0.250

4. 配置 ens33 网卡的 IP 地址的 ifconfig 命令是(　　　)。

   A.　ifconfig ens33 192.168.0.100/24

   B.　ifconfig ens33 192.168.0.100 255.255.255.0

   C.　ifconfig ens33 192.168.0.100/255.255.255.0

   D.　ifconfig ens33 192.168.0.100 netmask 24

5. 配置 ens33 网卡的 IP 地址的 ip 命令是(　　　)。

   A.　ip address add 172.16.10.1/255.255.255.0 dev ens37

   B.　ip address add dev ens37 172.16.10.1/24

   C.　ip address add 172.16.10.1/24 for dev ens37

   D.　ip address set 172.16.10.1/24 dev ens37

项目八　软件安装与包管理工具

 项目内容

　　本项目主要讲解软件包的各种类型及命名规则。如何通过 rpm 包管理工具以及 rpm 包管理器的前端工具 yum 进行 rpm 软件包的查询、安装、卸载等管理工作。最后讲解如何进行软件包的归档和如何进行源代码安装。

 思维导图

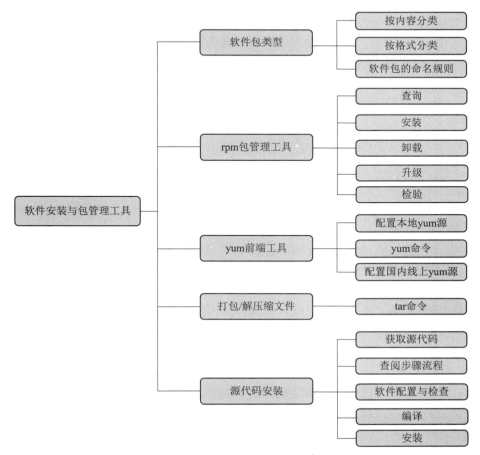

能力目标和要求

(1) 理解软件包的各种类型。
(2) 重点掌握 rpm 包管理工具。
(3) 重点掌握 yum 前端工具。
(4) 掌握文件的打包和解压缩。
(5) 掌握源代码的安装方法。

任务 8.1　软件包类型

8.1.1　按内容分类

Linux 系统下的软件包众多，且大都是经 GPL 授权、免费开源(无偿公开源代码)的。这意味着如果具备修改软件源代码的能力，则可以随意修改。Linux 应用程序的软件包按内容类别可分为以下两类：

1. 源码包

源码包其实就是一大堆源代码程序，它是由程序员按照特定的格式和语法编写出来的。解开该软件包之后，还需要使用编译器将其编译成可执行文件方可运行。

由于计算机只能识别机器语言，也就是二进制语言，所以源码包的安装需要编译器编译成二进制语言。编译指的是从源代码到直接被计算机(或虚拟机)执行的目标代码的翻译过程，编译器的功能就是把源代码翻译为二进制代码，让计算机识别并运行。其优缺点如下：

优点：源码包是开源的，因此可查看源代码，可以自由选择所需功能，通过直接删除安装位置即可卸载。

缺点：由于必须经过编译，因此安装步骤比较多，并且编译时间过长。

2. 二进制包

二进制包也叫编译后的二进制软件包，它是由源码包经过成功编译之后产生的包，解开该软件包之后可以直接运行。在 Windows 操作系统中所有的软件包都是这种类型，安装完软件包后，程序即可使用，但无法查看到源代码，且操作系统平台版本还需适应，否则将无法正常安装。

二进制包是 Linux 系统默认的软件安装包，因此二进制包又称为默认安装软件包。其优缺点如下：

优点：使用简单，只需要几个命令就可以实现软件包的安装、升级、查询、卸载，安装速度快。

缺点：无法查看源代码，在功能选择上不如源代码包灵活，并且其在安装前需要解决软件包之间的依赖性问题。

8.1.2　按格式分类

Linux 系统的软件安装包按封装格式进行分类主要有 rpm、deb、tar.gz 三种格式。

1. rpm 格式软件包

rpm 的全称是 Red Hat Package Manager(Red Hat 包管理器)，它既是一种包管理工具，也是一种包的封装格式，它最先是由红帽公司发布的。在使用 rpm 对应用软件进行封装时，需要先将安装的软件进行编译，然后再打包封装成 rpm 格式的文件。在安装时，rpm 会先依照软件里的数据查询相依赖的软件是否满足，如果满足则进行安装，如果不满足则不安装。安装的时候会将该软件的信息写入 rpm 的数据库中，以便未来的查询、验证与反安装。

在使用 rpm 进行安装时，软件安装的环境必须与打包时的环境需求一致或相当，并且在安装时需要满足某些软件的依赖。软件在卸载时需要特别小心，最底层的软件不可先移除，否则可能造成整个系统的问题。

rpm 软件包在红帽 Linux、SUSE、Fedora 版本中可以直接进行安装，但在 Ubuntu 版本中无法识别。

rpm 软件包可以在 http://www.rpmfind.net/网站下载获取。

2. deb 格式软件包

deb 是 Debian Linux 提供的一个包管理器，它与 rpm 十分类似。但由于 rpm 出现得早，并且应用广泛，所以在各种版本的 Linux 中经常见到。而 Debian 的包管理器 dpkg 只出现在 Debian Linux 中。它的优点是不用被严格的依赖性检查所困扰，缺点是只在 Debian Linux 发行版中才能见到这个包管理工具。

3. tar.gz 格式软件包

tar.gz 其实就是一个压缩包，类似于 Windows 操作系统里的 zip、rar 等压缩文件。源码包一般都使用 tar 打包成 gz 压缩包。因此，源码包名一般以 tar.gz 结尾。

8.1.3　软件包的命名规则

在 Linux 系统中，无论是哪种类型或哪种格式的软件包，它的命名都遵循一定的规律，即名称-版本-修正版-类型。我们可以通过软件包名知道要安装的软件版本、适用的平台、编译释出的次数等信息。例如：

> **rp-pppoe-3.11-5.el7.x86_64.rpm**

其中，rp-pppoe 为软件名称；3.11 为软件的版本；5 为释出的次数；el7 为适合的操作系统；x86_64 为适合的硬件平台；rpm 为文件类型名。

任务 8.2　rpm 包管理工具

rpm 包管理工具

rpm(RPM Package Manager)是 RHEL/CentOS 等 Linux 系统中流行的一种包管理工具，

它以一种数据库记录的方式将所需要的软件安装在 Linux 主机上。数据库记录了安装的包与包之间的依赖相关性。因此，使用 rpm 来安装软件需要先解决软件包之间的依赖性关系。由于 rpm 包管理工具不能自动解决软件包之间的依赖关系，因此，rpm 包管理工具是一种精致安装。rpm 命令有很多命令选项，结合这些选项可以实现以下三类功能：

(1) 查询、验证 rpm 软件包的相关信息；

(2) 安装、升级、卸载 rpm 软件包；

(3) 维护 rpm 数据库信息等综合管理操作。

命令格式：rpm　[选项]　[软件包名称]

rpm 命令的常用选项如表 8-1 所示。

表 8-1　rpm 命令的常用选项

选　　项	功　　能
-? /--help	查看帮助信息
--version	查看版本
-quiet	安静模式
-v	显示详细信息
-vv	显示更详细的信息，以便排错

rpm 命令的主选项如表 8-2 所示。

表 8-2　rpm 命令的主选项

主功能	主选项	配合选项	配合功能
查询	-q	-a	查询所有已经安装过的软件包
		-f	查询指定文件由哪个软件包提供
		-p	实现对未安装的软件包进行查询操作
		-l	查询软件包安装生成的所有文件列表
		-i	查询软件包的相关信息，包括名字、版本号、大小、所属包组、描述信息等
		-c	查询软件包提供的配置文件列表
		-d	查询软件包提供的文本文件列表
		-L	查询软件包的许可证信息
		-R	查询指定软件包的依赖能力关系
安装	-i	-h	以#符号显示进度条，每个#表示 2%的进度
		--test	测试安装，检查并报告依赖关系及冲突消息等
		--nodeps	忽略软件包的依赖关系(正常情况下不应该忽略)
		--replacefiles	如果其他程序安装过相应文件，则会覆盖安装
		--oldpackage	允许降级安装软件包

续表

主功能	主选项	配合选项	配合功能
升级	-U/-F	--justdb	只安装数据库，不安装文件系统的文件(通过查询选项还是可以列出安装的文件，不过实际上并不存在，卸载的时候也要加上该选项)
卸载	-e	--nodeps	卸载软件包前不检查依赖关系
		--test	测试卸载，不真正执行
校验	-V	-nodeps	校验的时候不检查软件包的依赖关系
		--nodigest	校验的时候不检查包的完整性
		--nosignature	校验的时候不检查包的签名信息及其来源的合法性

使用 rpm 包管理工具时应注意以下几点：

(1) 安装的时候，由于 rpm 的数据库没有记录软件包的相关记录，所以应该指明完整的 rpm 包名。

(2) 卸载的时候，不能指明完整的包名，只需要指定要卸载的软件包的名字即可。

(3) -U 与-F 选项均可用于软件升级，二者的不同点在于：-U 选项可用于升级或安装，如果已经安装了且存在新版本，则会移除旧版本并升级成新版本，简称升级或安装软件包；-F 只升级软件包，如果指定软件包没有安装，则不会安装和升级。

在进行 rpm 软件包实验安装之前，我们必须先获取所需的 rpm 软件包，软件包可以从网络下载(如 www.rpmfind.net)，也可以使用 Linux 光盘 ISO 镜像。挂载光盘镜像之后，在 Packages 目录里有许多 rpm 软件包。为了实验方便，本任务使用光盘 ISO 镜像中的 zsh-5.0.2-28.el7.x86_64.rpm 软件包进行实验。以下为挂载光盘的步骤与命令。

```
[root@centos7 ~]# mkdir /media/cdrom              \\创建光盘挂载点
[root@centos7 cdrom]# mount /dev/sr0 /media/cdrom/   \\挂载光盘
[root@centos7 ~]# cd /media/cdrom/Packages/        \\访问光盘的 Packages 目录
[root@centos7 Packages]# ls |tail -2              \\查看光盘的 rpm 包
zsh-5.0.2-28.el7.x86_64.rpm
zziplib-0.13.62-5.el7.x86_64.rpm
```

8.2.1 查询

通过查询命令，可查询系统中已经安装有哪些 rpm 软件包，也可以查询指定软件包的详细信息。

```
[root@centos7 Packages]# rpm –qa              \\查询当前系统所有已安装的 rpm 包
...(省略部分)
audit-2.7.6-3.el7.x86_64
iptables-1.4.21-18.0.1.el7.centos.x86_64
[root@centos7 Packages]# rpm -q iptables          \\查询指定 rpm 包
iptables-1.4.21-18.0.1.el7.centos.x86_64
```

```
[root@centos7 Packages]# rpm -qa|grep "iptables"   \\也可通过管道符"｜"来查询指定的 rpm 包
iptables-1.4.21-18.0.1.el7.centos.x86_64
[root@centos7 Packages]# rpm -qi iptables          \\查询已安装 rpm 软件包的详细信息
Name        : iptables
Version     : 1.4.21
Release     : 18.0.1.el7.centos
…(省略部分)
[root@centos7 Packages]# rpm -qi zsh
            \\查询未安装 rpm 包的详细信息，由于未加-p 选项，因此提示为未安装软件包
未安装软件包 zsh
[root@centos7 Packages]# rpm -qpi zsh
            \\由于 rpm 软件包未安装，因此查询时需要输入全名，否则会出现打开失败提示
错误：打开 zsh 失败：没有那个文件或目录
[root@centos7 Packages]# rpm -qpi zsh-5.0.2-28.el7.x86_64.rpm
            \\查询未安装 rpm 包的详细信息，需输入 rpm 软件包的全名
警告：zsh-5.0.2-28.el7.x86_64.rpm: 头 V3 RSA/SHA256 Signature, 密钥 ID f4a80eb5: NOKEY
Name        : zsh
Version     : 5.0.2
Release     : 28.el7
Architecture : x86_64
Install Date: (not installed)
…(省略部分)
[root@centos7 Packages]# rpm -qc iptables           \\查询已安装软件包的配置文件
/etc/sysconfig/ip6tables-config
/etc/sysconfig/iptables-config
[root@centos7 Packages]# rpm -qpc zsh-5.0.2-28.el7.x86_64.rpm  \\查询未安装软件包的配置文件
警告：zsh-5.0.2-28.el7.x86_64.rpm: 头 V3 RSA/SHA256 Signature, 密钥 ID f4a80eb5: NOKEY
/etc/skel/.zshrc
/etc/zlogin
…(省略部分)
[root@centos7 Packages]# rpm -qd iptables           \\查询已安装软件包提供的文本文件列表
/usr/share/doc/iptables-1.4.21/COPYING
/usr/share/doc/iptables-1.4.21/INCOMPATIBILITIES
/usr/share/man/man1/iptables-xml.1.gz
…(省略部分)
[root@centos7 Packages]# rpm -ql iptables           \\查询已安装软件包安装生成的所有文件列表
…(省略部分)
/usr/share/man/man8/iptables-save.8.gz
/usr/share/man/man8/iptables.8.gz
```

[root@centos7 Packages]# **rpm -qf /usr/share/man/man8/iptables.8.gz**

　　　\\通过文件反向查询是由哪个 rpm 包产生的

iptables-1.4.21-18.0.1.el7.centos.x86_64

8.2.2　安装

　　通过 rpm 命令可完成 rpm 软件包的安装。在安装之前，用户需要获得 root 权限。使用 rpm 命令进行安装需要手动解决软件包之间的依赖关系，如安装的软件包需要依赖其他软件包方可进行安装，则需要根据提示把依赖包先行安装。

[root@centos7 Packages]# **rpm -ivh zsh-5.0.2-28.el7.x86_64.rpm**　　　　　\\安装 zsh 软件包

警告：zsh-5.0.2-28.el7.x86_64.rpm: 头 V3 RSA/SHA256 Signature, 密钥 ID f4a80eb5: NOKEY

准备中...　　　　　　　　　　　################################# [100%]

正在升级/安装...

　　1:zsh-5.0.2-28.el7　　　　　　################################# [100%]

[root@centos7 Packages]#

8.2.3　卸载

　　由于软件包之间存在着相互依赖的情况，在卸载软件包时需要先把依赖的软件包卸载掉，如果依赖的软件包是系统所必需的，就不能卸载该依赖包，否则会造成系统崩溃。

[root@centos7 Packages]# **rpm -evh zsh**　　　　　\\卸载 zsh 软件包，注意卸载时只需软件包名，而不

　　　　　　　　　　　　　　　　　　　　　　　能输入完整的包名

准备中...　　　　　　　　　　　################################# [100%]

正在清理/删除...

　　1:zsh-5.0.2-28.el7　　　　　　################################# [100%]

8.2.4　升级

　　使用 rpm 命令可对软件进行升级更新。并且，如果需要升级的软件还没有安装，系统会直接安装该软件。

[root@centos7 Packages]# **rpm -Uvh zsh-5.0.2-28.el7.x86_64.rpm**

\\使用-U 选项进行升级时，如果发现该软件未安装，则系统会安装该软件

警告：zsh-5.0.2-28.el7.x86_64.rpm: 头 V3 RSA/SHA256 Signature, 密钥 ID f4a80eb5: NOKEY

准备中...　　　　　　　　　　　################################# [100%]

正在升级/安装...

　　1:zsh-5.0.2-28.el7　　　　　　################################# [100%]

[root@centos7 Packages]# **rpm -evh zsh**　　　　　　　　　　　　\\卸载 zsh 软件包

准备中...　　　　　　　　　　　################################# [100%]

正在清理/删除...

　　1:zsh-5.0.2-28.el7　　　　　　################################# [100%]

[root@centos7 Packages]# **rpm -Fvh zsh-5.0.2-28.el7.x86_64.rpm**
　　\\使用-F 选项进行升级时，如果发现该软件未安装，则系统不做任何操作
警告：zsh-5.0.2-28.el7.x86_64.rpm: 头 V3 RSA/SHA256 Signature，密钥 ID f4a80eb5: NOKEY
[root@centos7 Packages]# **rpm -q zsh**
未安装软件包 zsh

8.2.5　检验

　　rpm 软件包校验可用来判断已安装的软件包(或文件)是否被修改。

[root@centos7 Packages]# **rpm -V zsh** \\检验只需要写软件名，如果检验成功，则不输出任何信息
[root@centos7 Packages]# **rpm -qc zsh** \\查看 zsh 软件包的配置文件
/etc/skel/.zshrc
/etc/zlogin
/etc/zlogout
/etc/zprofile
/etc/zshenv
/etc/zshrc
[root@centos7 Packages]# **echo "test">> /etc/skel/.zshrc** \\往配置文件.zshrc 中添加信息
[root@centos7 Packages]# **rpm -V zsh**
\\重新检验，由于前面往配置文件.zshrc 中添加了信息，因此检验时会检测出配置文件已经有过改动
S.5....T.　c /etc/skel/.zshrc

任务 8.3　rpm 包管理器的前端工具 yum

　　yum(Yellowdog Updater Modified)俗称小黄狗，是一个交互式的基于 rpm 实现的包管理器。yum 是 rpm 的前端工具，可以从指定服务器上自动下载程序包并自动分析程序包的元数据，自动处理程序包之间的依赖关系，能一次性安装完所有依赖的包，无须手动分析并安装所有依赖包。yum 访问文件服务器(俗称 yum 源或 yum 仓库(yum repository))的模式是基于 C/S 架构的，而文件服务器(repository)则需要以某种共享服务方式将其提供的程序包及与包相关的元数据提供给其他主机使用，通常使用到的协议有 http、https、ftp、nfs 等。此外，也可以使用光盘作为本地仓库或者自己制作本地仓库,通常使用到的协议是 file。yum 能够实现 rpm 软件包的安装、卸载、查询或者向其他命令、程序提供可用的软件包等操作。

8.3.1　配置本地 yum 源

　　使用 yum 安装软件包时，至少需要一个 yum 源。CentOS Linux 7 默认的 yum 源配置文件存放在/etc/yum.repos.d/目录下，用户可以自行定义任意可以使用的 yum 源，但文件的扩展名必须是 repo。yum 源配置文件的常用选项如

配置本地 yum 源

表 8-3 所示。

表 8-3　yum 源配置文件的常用选项

选　项	功　能
[repositoryID]	yum 源唯一的 ID 号，[　]里可以为任意字符串，但不同的 yum 源的 ID 号不允许相同
name=Some name for this repository	yum 源的名称，可以为任意字符串
baseurl=url://path/to/repository	指定 yum 源的 URL 地址(URL 可以是 http、https、ftp、nfs、file 等协议，本地 yum 源使用 file 协议)
mirrorlist=url://path/to/repository	指定镜像站点目录
enabled={1 | 0}	是否启用 yum 源，1 表示启用(默认值)，0 表示未启用
gpgcheck={1| 0}	是否对软件包数据的来源合法性和数据完整性做检查，1 表示检查，0 表示不检查
gpgkey=URL	指定 GPG 密钥文件的访问路径，可由 yum 仓库提供。当 gpgcheck 启用时，这里需要指定

例如，CentOS Linux 7 默认的 yum 源/etc/yum.repos.d/CentOS-Base.repo 的部分内容如下：

```
[base]
name=CentOS-$releasever - Base
mirrorlist=http://mirrorlist.centos.org/?release=$releasever&arch=$basearch&repo=os&infra=$infra
#baseurl=http://mirror.centos.org/centos/$releasever/os/$basearch/
gpgcheck=1
gpgkey=file:///etc/pki/rpm-gpg/RPM-GPG-KEY-CentOS-7
enabled=0
```

Linux 系统的 iso 安装文件里面有很多 rpm 软件包，我们可以把 ISO 光盘配置成本地 yum 源，以方便安装常用软件包，步骤如下：

(1) 挂载光盘：

```
[root@CENTOS7 ~]# mkdir /media/cdrom              \\创建光盘挂载目录
[root@CENTOS7 ~]# mount /dev/sr0 /media/cdrom/    \\挂载光盘
mount: -t iso9660/dev/sr0 is write-protected, mounting read-only
```

(2) 备份系统自带配置文件：

```
[root@CENTOS7 ~]# cd /etc/yum.repos.d/            \\切换至 yum.repos.d 目录
[root@CENTOS7 yum.repos.d]# mkdir repobk          \\创建备份目录
[root@CENTOS7 yum.repos.d]# mv *.repo repobk/     \\把系统自带的 yum 源配置文件移动到
备份目录
```

(3) 创建本地 yum 源配置文件：

```
[root@CENTOS7 yum.repos.d]# touch local-base.repo   \\创建本地 yum 源配置文件
[root@CENTOS7 yum.repos.d]# vim local-base.repo     \\使用 vim 编辑器编辑 local-base.repo 配
置文件
```

```
[root@CENTOS7 yum.repos.d]# cat local-base.repo        \\查看 local-base.repo 配置文件的内容信息
[CentOS7-localbase]
name=CentOS 7 local iso yum
baseurl=file:///media/cdrom
gpgcheck=0
enabled=1
[root@CENTOS7 yum.repos.d]# yum repolist               \\查看当前系统 yum 源列表
Loaded plugins: fastestmirror, langpacks
CentOS7-localbase                          | 3.6 KB   00:00:00
(1/2): CentOS7-localbase/group_gz          | 156 KB   00:00:00
(2/2): CentOS7-localbase/primary_db        | 3.1 MB   00:00:00
Loading mirror speeds from cached hostfile
repo id                  repo name                    status
CentOS7-localbase        CentOS 7 local iso yum       3,894
repolist: 3,894
```

8.3.2 yum 命令

命令格式：yum　[选项]　[命令]　[软件包名…]
命令功能：用于查询、安装、卸载软件。
yum 命令的常用选项如表 8-4 所示。

yum 命令

表 8-4　yum 命令的常用选项

选　项	功　能
-y	自动回答"yes"
-q	静默模式
-v	查看详细信息
--nogpgcheck	禁止对软件包进行检测

yum 常用命令如表 8-5 所示。

表 8-5　yum 常用命令

命　令	选　项	功　能
yum　repolist	无	显示 yum 源列表，默认显示启用的 yum 源
	enabled	只显示启用的 yum 源列表
	disabled	只显示关闭的 yum 源列表
	all	显示启用和关闭的 yum 源列表
yum　repoinfo	无	查看 yum 源的详细信息，选项与 repolist 一致，与 repolist -v 等价

命 令	选 项	功 能
yum list	无	列出 yum 源中所有可以安装或更新的 rpm 包
	软件包名	列出指定的可以安装或更新以及已经安装的 rpm 包
	available	列出 yum 仓库所有可用的 rpm 包
	updates	列出 yum 仓库所有可以更新的 rpm 包
	installed	列出所有已经安装的 rpm 包
	extras	列出已经安装的但是不包含在 yum 仓库中的 rpm 包
yum info	无	列出资源库中所有可以安装或更新的 rpm 包的信息
	软件包名	列出资源库中特定的可以安装或更新以及已经安装的 rpm 包的信息
	updates	列出资源库中所有可以更新的 rpm 包的信息
	installed	列出已经安装的所有 rpm 包的信息
	extras	列出已经安装的但是不包含在资源库中的 rpm 包的信息
yum search	软件包名	搜索匹配特定字符的 rpm 包
yum provides	文件名	搜索包含特定文件名的 rpm 包
yum install	软件包名	安装指定的 rpm 包
yum reinstall	软件包名	重新安装指定的 rpm 包
yum check-update	无	检查可更新的 rpm 包
yum update	软件包名	升级指定的 rpm 包
yum downgrade	软件包名	降级指定软件
yum remove | erase	软件包名	删除 rpm 包，包括与该包有依赖关系的包
yum clean	软件包名	清除暂存中的 rpm 包文件
	headers	清除暂存中的 rpm 头文件
	oldheaders	清除暂存中旧的 rpm 头文件
	all	清除暂存中旧的 rpm 头文件和包文件
yum makecache	无	生成新的 yum 缓存

例如：

```
[root@CentOS7 yum.repos.d]# yum repolist          \\查看系统所有的 yum 源列表
已加载插件：fastestmirror, langpacks
Loading mirror speeds from cached hostfile
源标识                源名称                      状态
CentOS7-localbase     CentOS 7 local iso yum      3,894
repolist: 3,894
[root@CentOS7 yum.repos.d]# yum repoinfo           \\查看系统所有的 yum 源的详细信息
已加载插件：fastestmirror, langpacks
```

Loading mirror speeds from cached hostfile

源 ID　　　：　CentOS7-localbase

…(省略部分)

[root@CentOS7 yum.repos.d]# **yum list httpd**　　　　\\列出 yum 源中的 httpd 软件包

已加载插件：fastestmirror, langpacks

Loading mirror speeds from cached hostfile

可安装的软件包

httpd.x86_64　　　　　　　2.4.6-67.el7.centos　　　　　　CentOS7-localbase

[root@CentOS7 yum.repos.d]# **yum info httpd**　　　　\\列出 httpd 软件包的详细信息

已加载插件：fastestmirror, langpacks

Loading mirror speeds from cached hostfile

可安装的软件包

名称　　　：httpd

架构　　　：x86_64

版本　　　：2.4.6

…(省略部分)

[root@CentOS7 yum.repos.d]# **yum search httpd**　　　\\查找 yum 仓库里 httpd 开头的 rpm 包

已加载插件：fastestmirror, langpacks

Loading mirror speeds from cached hostfile

========================= N/S matched: httpd =========================

httpd.x86_64 : Apache HTTP Server

httpd-devel.x86_64 : Development interfaces for the Apache HTTP server

…(省略部分)

[root@CentOS7 yum.repos.d]# **yum install httpd -y**　　　\\安装 httpd 软件包

…(省略部分)

已安装：

　httpd.x86_64 0:2.4.6-67.el7.centos

作为依赖被安装：

　apr.x86_64 0:1.4.8-3.el7 apr-util.x86_64 0:1.5.2-6.el7 httpd-tools.x86_64 0:2.4.6-67.el7.centos

完毕！

[root@CentOS7 yum.repos.d]# **yum provides /var/www/html**

　　　　　　\\查看/var/www/html 由哪个 rpm 包产生

…(省略部分)

文件名：/var/www/html

httpd-2.4.6-67.el7.centos.x86_64 : Apache HTTP Server

源：@CentOS7-localbase

匹配来源：

文件名：/var/www/html

[root@CentOS7 yum.repos.d]# **yum remove httpd**　　　　\\卸载 httpd 软件包

...(省略部分)

删除：

   httpd.x86_64 0:2.4.6-67.el7.centos

完毕！

8.3.3 配置国内线上 yum 源

系统自带的官方的 yum 源在国内访问效果并不佳。为了获得更好的体验效果，我们可以把线上 yum 源改为国内比较好的阿里云或者网易的 yum 源。

配置国内线上 yum 源

例如：配置线上 yum 源为阿里云(阿里云官方镜像站为 https://developer.aliyun.com/mirror/)。具体步骤如下：

(1) 配置网络，使得 Linux 系统可以连接互联网。

(2) 备份系统自带 yum 源。

[root@CENTOS7 yum.repos.d]# **mv *.repo repobk/**　　　\\备份系统自带的 repo 文件

(3) 下载最新的阿里云 yum 配置文件。

[root@CentOS7 yum.repos.d]# **wget -O /etc/yum.repos.d/CentOS-Base.repo https://mirrors.aliyun.com/repo/Centos-7.repo**　　　\\下载阿里云的 yum 配置文件

   --2020-05-31 14:50:02--　https://mirrors.aliyun.com/repo/Centos-7.repo

   正在解析主机 mirrors.aliyun.com (mirrors.aliyun.com)... 113.96.181.216, 121.14.89.210, 119.147.70.219, ...

   正在连接 mirrors.aliyun.com (mirrors.aliyun.com)|113.96.181.216|:443... 已连接。

   已发出 HTTP 请求，正在等待回应... 200 OK

   长度：2523 (2.5K) [application/octet-stream]

   正在保存至：“/etc/yum.repos.d/CentOS-Base.repo”

   100%[====================================>] 2,523--.-K/s 用时 0s

   2020-05-31 14:50:02 (701 MB/s) - 已保存“/etc/yum.repos.d/CentOS-Base.repo” [2523/2523])

(4) 清除缓存及创建新的 yum 源缓存。

[root@CentOS7 yum.repos.d]# **yum clean all**　　　\\清除 yum 源缓存

   已加载插件：fastestmirror, langpacks

   正在清理软件源： base extras updates

   Cleaning up everything

   Maybe you want: rm -rf /var/cache/yum, to also free up space taken by orphaned data from disabled or removed repos

   Cleaning up list of fastest mirrors

[root@CentOS7 yum.repos.d]# **yum makecache**　　　\\创建新的 yum 源缓存

   ...(省略部分)

```
   * base: mirrors.aliyun.com
   * extras: mirrors.aliyun.com
   * updates: mirrors.aliyun.com
元数据缓存已建立
[root@CentOS7 yum.repos.d]# yum repolist          \\查看 yum 源列表
已加载插件：fastestmirror, langpacks
Loading mirror speeds from cached hostfile
   * base: mirrors.aliyun.com
   * extras: mirrors.aliyun.com
   * updates: mirrors.aliyun.com
源标识                    源名称                                          状态
base/7/x86_64           CentOS-7 - Base - mirrors.aliyun.com            10,070
extras/7/x86_64         CentOS-7 - Extras - mirrors.aliyun.com          397
updates/7/x86_64        CentOS-7 - Updates - mirrors.aliyun.com         671
repolist: 11,138
```

任务 8.4　打包/解压缩文件

打包/解压缩文件

　　源代码包一般是以 tar 包的形式归档，因此，在学习源代码安装之前必须先学习 tar 命令的使用。tar 命令也是 Linux 系统中最常用的文件打包工具，利用 tar 命令可以将一大堆的文件和目录打包成一个文件(也叫归档)，便于备份文件和网络传输。利用 tar 命令还可以在档案中改变文件、追加新文件、提取文件等操作。

　　tar 命令其实是没有压缩功能的，在 Linux 系统中多数压缩程序只能针对一个文件进行压缩，因此，如果要对多个文件进行压缩以节省磁盘空间或利于网络传输，则首先是利用 tar 命令把多个文件打包成一个包，再调用压缩程序对包进行压缩。一般我们调用的压缩程序为 gzip 和 bzip2 命令，它们压缩之后的后缀名分别为 tar.gz 和 tar.bz2。

　　命令格式：tar　[必要选项]　[选择选项]　[文件名]

　　命令功能：tar 命令用于创建归档文件并调用相应程序进行压缩或解压缩。

　　tar 命令必要选项如表 8-6 所示。

表 8-6　tar 命令必要选项

必要选项	功　　能
-c	创建新的归档文件
-t	列出归档文件中的内容目录
-x	从归档文件中提取出文件
-r	向归档文件追加新文件
-u	更新归档文件中的内容

　　注：必要选项不能同时存在，仅能使用其中一个。

tar 命令选择选项如表 8-7 所示。

表 8-7　tar 命令选择选项

选择选项	功　　能
-f	指定归档的文件名，注意：在 f 之后必须是归档文件名
-v	显示命令的执行过程
-z	调用 gzip 命令压缩/解压文件
-j	调用 bzip2 命令压缩/解压文件
-Z	调用 compress 命令压缩/解压文件
-p(小写字母)	保持文件属性不变
-P(大写字母)	文件名使用绝对名称，不移除文件名称前的"/"符号
-C	提取或解压到指定目录
-N	只将指定日期更新的文件保存到归档文件中
--exclude	排除部分文件不进行归档

例如：

```
[root@CENTOS7 tardir]# pwd                          \\以下实验目录及文件手动创建
/tmp/tardir
[root@CENTOS7 tardir]# ls                           \\查看创建目录下的内容
dir1    file1.txt    file2.jpg    file3.gif
[root@CENTOS7 tardir]# tar -cvf /tmp/all.tar *.jpg  \\将当前目录所有的 jpg 文件打包归档
file2.jpg
[root@CENTOS7 tardir]# tar -tvf /tmp/all.tar        \\列出 all.tar 包中所有文件
-rw-r--r-- root/root          0 2020-06-10 01:54 file2.jpg
[root@CENTOS7 tardir]# tar -rvf /tmp/all.tar *.txt  \\将当前目录中所有的 txt 文件增加到
all.tar 包中
[root@CENTOS7 tardir]# tar -tvf /tmp/all.tar        \\列出 all.tar 包中的内容，txt 文件已经添
加到 tar 包中
-rw-r--r-- root/root          0 2020-06-10 01:54 file2.jpg
-rw-r--r-- root/root          0 2020-06-10 01:54 file1.txt  \\增加的 txt 文件
[root@CENTOS7 tardir]# echo "111">>file1.txt        \\更新 file1.txt 文件内容
[root@CENTOS7 tardir]# tar -uvf /tmp/all.tar file1.txt  \\更新 all.tar 包中的 file1.txt 文件
[root@CENTOS7 tardir]# tar -tvf /tmp/all.tar
...(省略部分)
-rw-r--r-- root/root          4 2020-06-10 01:57 file1.txt  \\tar 包中 file1.txt 已经更新
[root@CENTOS7 tardir]# tar -xvf /tmp/all.tar -C /root file1.txt  \\释放 all.tar 包中的 file1.txt
文件到指定目录/root 中
```

```
[root@CENTOS7 tardir]# cat /root/file1.txt        \\查看释放出的 file1.txt 文件内容已经更新
111
[root@CENTOS7 tardir]# tar -czf /tmp/all.tar.gz *        \\创建 tar 包并调用 gzip 命令压缩
[root@CENTOS7 tardir]# tar -cjf /tmp/all.tar.bz2 *        \\创建 tar 包并调用 bzip2 命令压缩
[root@CENTOS7 tardir]# tar -cZf /tmp/all.tar.Z *        \\创建 tar 包并调用 compress 命令压缩
[root@CENTOS7 tardir]# tar -tzf /tmp/all.tar.gz        \\查看压缩 tar 包时需要添加相应的压缩
```
命令，以下操作相同原理
```
[root@CENTOS7 tardir]# tar -tjf /tmp/all.tar.bz2
[root@CENTOS7 tardir]# tar -tZf /tmp/all.tar.Z
[root@CENTOS7 tardir]# tar -xzvf /tmp/all.tar.gz -C /root/gzdir/        \\解压缩 tar 包到指定目录，以
```
下操作相同原理
```
[root@CENTOS7 tardir]# tar -xjvf /tmp/all.tar.bz2 -C /root/bz2dir/
[root@CENTOS7 tardir]# tar -xZvf /tmp/all.tar.Z -C /root/comdir/
[root@CENTOS7 tardir]# tar cf /tmp/test.tar /tmp/tardir/        \\如果创建的 tar 包包含路径，则 tar
```
命令会自动把路径中的"/"符号去掉
```
tar: Removing leading `/' from member names
[root@CENTOS7 tardir]# tar -tf /tmp/test.tar        \\查看 test.tar 包，发现"/"符号已经去掉
tmp/tardir/
...(省略部分)
[root@CENTOS7 tardir]# tar cPf /tmp/test1.tar /tmp/tardir/        \\如果需要保留路径中的"/"符号，
```
则加-P(大写字母 P)选项
```
[root@CENTOS7 tardir]# tar -tf /tmp/test1.tar        \\查看 test1.tar 包，发现"/"符号保留
tar: Removing leading `/' from member names
/tmp/tardir/
...(省略部分)
[root@CENTOS7 tardir]# tar -czvpf /tmp/test4.tar file4.txt        \\如果需要保留文件原属性不变，
```
则需要添加-p(小写字母 p)选项
```
[root@CENTOS7 tardir]# tar --exclude file4.txt -zcvf /tmp/test6.tar.gz /tmp/tardir/
\\如果需要排除某些文件不进行归档，则需要添加--exclude 选项
[root@CENTOS7 tardir]# tar -N "2020/06/11" -zcvf /tmp/test5.tar.gz /tmp/tardir/
\\归档是使用-N 指定比指定日期(包含当日)新的文件进行归档
tar: Option --after-date: Treating date `2020/06/11' as 2020-06-11 00:00:00
tar: Removing leading `/' from member names
/tmp/tardir/
/tmp/tardir/dir1/
tar: /tmp/tardir/file1.txt: file is unchanged; not dumped        \\file1.txt 创建日期比指定日期旧，所以
```
不进行归档
```
...(省略部分)
/tmp/tardir/file5.txt
```

任务 8.5　源代码安装

任务 8.2 和 8.3 中讲的 rpm 及 yum 都属于二进制文件的安装方式，它们主要的特点是安装简单方便，但其安装是有平台限制的。源代码可在任意平台上安装，故其兼容性、扩展性会更好，并且可以自定制，也可以使用最新版本，缺点就是安装过程比较复杂，也比较容易出现错误。

源代码安装一般需要以下几个步骤：

源代码安装

1. 获取源代码

源代码一般都是 tar 包形式，为了便于管理一般下载至/usr/local 目录上，然后通过 tar 工具进行解压到指定目录。大家可以去 CentOS 的官方网站 http://vault.centos.org/获得源代码。

2. 查阅步骤流程

进入源代码存放的目录，查看 INSTALL 或 README 等相关文件，查阅安装步骤。

3. 软件配置与检查

执行./configure 命令，定义软件安装需要的目录、安装模块并检测系统环境兼容性、依赖软件等，然后把定义好的功能选项和检测系统环境的信息写入 makefile(Makefile)文件，用于后续的编译。

通常会加"--prefix"选项来定义源码包的安装目录，否则在安装的过程中执行文件、库文件、配置文件等会分别安装在不同的位置，造成文件管理上的混乱。使用"--prefix"选项还可以使得在卸载软件或移植软件时，只需简单地删除该安装目录，或拷贝该目录到其他机器(相同环境)即可完成卸载或移植该软件。

4. 编译

执行 make 命令，使用 makefile 文件作为参数配置，编译成为可执行的二进制文件。Linux 系统由 gcc 编译器负责编译，因此，在执行编译之前要检查 gcc 编译器是否已经安装。(gcc 非默认安装)

注：如果曾经执行过 make 命令或在安装过程中出过错，则可以使用 make clean 命令来清除上一次编译生成的所有临时文件，以确保编译成功。

5. 安装

执行 make install 命令将上一步编译好的二进制文件安装到"--prefix"选项指定的安装目录。

例如：通过源代码安装 nginx 软件。nginx 源码包下载地址为 http://nginx.org/en/download.html。

```
[root@CENTOS7 src]# yum -y install pcre-devel openssl openssl-devel gcc gcc-c++ make    \\安装
依赖关系及编译器 gcc，每个系统的环境不一样，所依赖的关系有可能也不一样
    [root@CENTOS7 packages]# gcc –v        \\查看编译器版本
```

```
...(省略部分)
gcc version 4.8.5 20150623 (Red Hat 4.8.5-16) (GCC)
[root@CENTOS7 src]# cp /root/nginx-1.19.0.tar.gz .          \\通过鼠标拖动直接把 nginx 源代码包拷
贝到/root 家目录中，再拷贝到/usr/local/src 目录中
[root@CENTOS7 src]# tar xzf nginx-1.19.0.tar.gz            \\解压源代码包
[root@CENTOS7 src]# cd nginx-1.19.0/                        \\进入源代码目录
[root@CENTOS7 nginx-1.19.0]# ./configure --prefix=/usr/local/nginx-1.19.0      \\环境检测并创建
配置文件 Makefile，定义源代码包安装的目录为/usr/local/nginx-1.19.0
checking for OS
  + Linux 3.10.0-693.el7.x86_64 x86_64
checking for C compiler ... found                          \\检测到 C 编译器并输出版本号
  + using GNU C compiler
  + gcc version: 4.8.5 20150623 (Red Hat 4.8.5-16) (GCC)
...(省略部分)
creating objs/Makefile                                     \\成功创建配置文件 Makefile
...(省略部分)
[root@CENTOS7 nginx-1.19.0]# make                          \\进行编译
[root@CENTOS7 nginx-1.19.0]# make install                  \\安装
make -f objs/Makefile install
...(省略部分)
[root@CENTOS7 sbin]# /usr/local/nginx-1.19.0/sbin/nginx -c /usr/local/nginx-1.19.0/conf/nginx.conf
                                                           \\启动 nginx 软件
[root@CENTOS7 sbin]# curl -I http://127.0.0.1             \\访问测试
HTTP/1.1 200 OK          \\表示访问成功，说明 nginx 源代码安装成功并可以使用
Server: nginx/1.19.0
Date: Sat, 06 Jun 2020 00:36:19 GMT
Content-Type: text/html
Content-Length: 612
Last-Modified: Sat, 06 Jun 2020 00:31:13 GMT
Connection: keep-alive
ETag: "5edae3d1-264"
Accept-Ranges: bytes
[root@CENTOS7 sbin]#
```

实训　软件包的安装

1. 实训目的

(1) 了解软件包的类型。

(2) 掌握如何配置 yum 源。

(3) 掌握如何使用 rpm 命令安装软件包。

(4) 掌握如何使用 yum 前端工具安装软件包。

2. 实训内容

(1) 创建 cdrom 挂载目录/mnt/cdrom，然后挂载光盘。

(2) 使用光盘配置 yum 本地源。

(3) 使用 rpm 命令查询当前系统所有已安装的 rpm 包。

(4) 查询指定软件包 unzip-6.0-16.el7.x86_64(如练习 Linux 系统没有该包，则可查询其他指定软件包，以下步骤相同)。

(5) 使用 rpm 命令查询已安装指定软件包 unzip-6.0-16.el7.x86_64 的详细信息。

(6) 使用 rpm 命令查询未安装软件包 zsh-5.0.2-25.el7.x86_64.rpm 的详细信息。

(7) 使用 rpm 命令查询已安装指定软件包 unzip-6.0-16.el7.x86_64 的配置文件。

(8) 使用 rpm 命令查询未安装软件包 zsh-5.0.2-25.el7.x86_64.rpm 的配置文件。

(9) 使用 rpm 命令查询已安装指定软件包 unzip-6.0-16.el7.x86_64 的文本文件列表。

(10) 选择步骤 8 所查询出的文件列表中的某一个文件，通过文件反向查询是由哪个 rpm 包产生的。

(11) 使用 rpm 命令安装 zsh-5.0.2-25.el7.x86_64.rpm 软件包。

(12) 查看 yum 源列表。

(13) 列出 yum 源软件包。

(14) 列出 httpd 软件包的详细信息。

(15) 查找 yum 仓库里 httpd 开头的 rpm 包。

(16) 安装 httpd 软件包。

(17) 卸载 httpd 软件包。

(18) 配置阿里云 yum 源并测试。

3. 实训要求

(1) 按题目要求写出相应操作，操作结果以"文字+截图"的方式保存。

(2) 总结实训心得和体会。

练　习　题

一、填空题

1. 在 Linux 系统中，软件包按内容分类可分为＿＿＿＿＿＿＿、＿＿＿＿＿＿＿。

2. 在 Linux 系统中，软件包按格式分类可分为＿＿＿＿、＿＿＿＿、＿＿＿＿。

3. 在 CentOS7.X 系统中，使用-F 进行软件升级时，如果该软件包没有安装，将不会＿＿＿＿＿＿。

4. 使用 yum 前端工具进行软件包安装时，必须先配置＿＿＿＿＿＿。

5. 使用源代码安装适用于＿＿＿＿＿＿＿＿＿情况下使用。

二、选择题

1. 查询当前系统所有已安装的 rpm 包的命令是(　　)。

A. rpm -qa   B. rpm -q   C. rpm -all   D. rpm -quet

2. 对软件包 wget-1.14-13.el7.x86_64.rpm 进行升级，如未安装则进行安装的命令是
(　　)。

A. rpm -Uvh wget-1.14-13.el7.x86_64.rpm

B. rpm -uvh wget-1.14-13.el7.x86_64.rpm

C. rpm -Fvh wget-1.14-13.el7.x86_64.rpm

D. rpm -fvh wget-1.14-13.el7.x86_64.rpm

3. 查询未安装软件包 httpd-2.4.6-45.el7.centos.x86_64.rpm 信息的命令是(　　)。

A. rpm -qpi httpd

B. rpm -qpi httpd-2.4.6-45.el7.centos.x86_64.rpm

C. rpm -qi httpd

D. rpm -qi httpd-2.4.6-45.el7.centos.x86_64.rpm

4. 使用 yum 工具安装 httpd 软件包，安装过程中使用自动回答的命令是(　　)。

A. yum install httpd -y

B. yum install httpd -yes

C. yum httpd -y

D. yum httpd -yes

5. 将/tmp/test 目录下所有文件归档并调用 gzip 命令的是(　　)。

A. tar   -czf   /tmp/all.tar.gz   *

B. tar   -cZf   /tmp/all.tar.gz   *

C. tar   -cjf   /tmp/all.tar.gz   *

D. tar   -cJf   /tmp/all.tar.gz   *

项目九　MySQL 数据库服务器

项目内容

　　本项目主要讲解 MySQL 数据库服务器的配置与管理，包括 MySQL 数据库的安装与启动、数据库的操作、数据表的操作，以及如何处理表数据。最后讲解如何对数据库进行备份与恢复。

思维导图

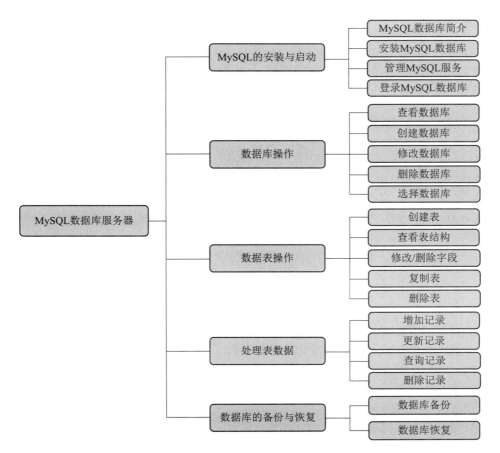

能力目标和要求

(1) 掌握 MySQL 数据库的安装与启动。

(2) 重点掌握数据库的操作。

(3) 重点掌握数据表的操作。

(4) 重点掌握表数据的处理。

(5) 掌握数据库的备份与恢复。

任务 9.1　MySQL 的安装与启动

9.1.1　MySQL 数据库简介

MySQL 由瑞典 MySQL AB 公司开发并发布，它是一款开放源码、安全、跨平台、高效的小型关系型数据库管理系统。关系型数据库将数据保存在不同的表中，而不是将所有数据放在一个大仓库内，这样就增加了对数据库的访问速度并提高了灵活性。

由于 MySQL 数据库具有体积小、速度快、拥有成本低等特点，因此许多中小型企业采用 MySQL 数据库，以降低运营成本。

MySQL 数据库可以称得上是目前运行速度最快的 SQL 语言数据库之一。除了具有许多其他数据库所不具备的功能外，MySQL 数据库还是一种完全免费的产品，用户可以直接通过网络下载 MySQL 数据库，而不必支付任何费用。

9.1.2　安装 MySQL 数据库

可以通过 yum 或 rpm 方式进行 MySQL 的安装。登录 MySQL 官方网站(www.mysql.com)或相关镜像网站，根据不同的硬件或操作系统平台，

安装 mysql.flv

下载不同版本的 rpm 安装包。也可登录国内网站(如搜狐、阿里云等)进行下载。例如，搜狐的 MySQL 镜像地址为 http://mirrors.sohu.com/mysql/，里面有针对各种平台、各种版本的 MySQL。本教材以 yum 方式进行安装演示。

1. 查看是否安装过 MySQL

```
[root@localhost ~]# rpm -qa | grep -i mysql     \\检查系统是否安装过 mysql，如出现以下结果，表
示系统存在 mysql 的旧版本包，如无提示，表示未安装过
    mysql-community-libs-compat-8.0.28-1.el7.x86_64
    mysql-community-libs-8.0.28-1.el7.x86_64
    mysql-community-server-8.0.28-1.el7.x86_64
    mysql-community-common-8.0.28-1.el7.x86_64
    mysql-community-icu-data-files-8.0.28-1.el7.x86_64
    mysql-community-client-plugins-8.0.28-1.el7.x86_64
```

mysql80-community-release-el7-5.noarch

mysql-community-client-8.0.28-1.el7.x86_64

注：如果系统安装过 MySQL，则在安装之前可使用以下命令把前面的旧版本进行卸载。

[root@localhost ~]# **yum remove mysql***　　　　\\卸载 MySQL 的旧版本

[root@localhost ~]# **find / -name mysql**　　　　\\查找 MySQL 的相关文件

[root@localhost ~]# **rm -rf /PATH/NAME**　　　　\\删除上述命令查找出的相关文件，/PATH/NAME

表示前面查找到的文件的路径

[root@localhost ~]#**rm -rf /etc/my.cnf**　　　　\\删除 my.cnf 配置文件

2. MySQL8.0 版本的安装

MySQL 分为以下 4 大版本：

(1) MySQL Community Server 社区版本：开源免费，自由下载，但不提供官方技术支持，适用于大多数普通用户。

(2) MySQL Enterprise Edition 企业版本：需付费，不能在线下载，可以试用 30 天，提供了更多的功能和更完备的技术支持，适合于对数据库的功能和可靠性要求较高的企业客户。

(3) MySQL Cluster 集群版：开源免费，用于架设集群服务器，可将几个 MySQL Server 封装成一个 Server，需要在社区版或企业版的基础上使用。

(4) MySQL Cluster CGE 高级集群版：需付费。

本教材以 MySQL8.0 版本进行演示安装。登录 MySQL 官网 https://www.mysql.com，点击"DOWNLOADS"标签，选择"MySQL Community(GPL)Downloads"链接，如图 9-1 所示。

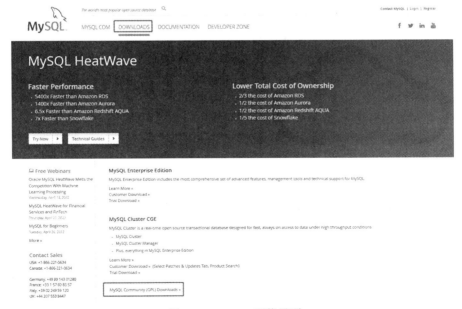

图 9-1　MySQL 下载界面

在弹出的下载界面中点击"MySQL Yum Repository"，在弹出的"MySQL Yum Repository"界面中根据自己的 Linux 系统版本选择对应的 MySQL yum 源 rpm 安装包，本教材使用的是 CentOS7，因此选择对应的 "mysql80-community-release-el7-5.noarch.rpm"

安装包，如图 9-2 所示。

图 9-2　MySQL Yum Repository 下载界面

通过 wget 命令下载 MySQL yum 源 rpm 安装包命令如下：

```
[root@localhost ~]# mkdir /tmp/mysqlrepo          \\创建 YUM 源安装包保存目录
[root@localhost ~]# cd /tmp/mysqlrepo/            \\切换至保存目录
[root@localhostmysqlrepo]# wget -i -c https://dev.mysql.com/get/mysql80-community-release-el7-5.
noarch.rpm                                        \\使用 wget 命令下载 yum repository
```

注：wget 命令用于从指定的 URL 下载文件。wget 非常稳定，它在带宽很窄的情况下和不稳定的网络中有很强的适应性。如果是由于网络的原因下载失败，则 wget 会不断地尝试，直到整个文件下载完毕。如果是服务器打断下载过程，那么它会再次联到服务器上从停止的地方继续下载。这对那些从限定了链接时间的服务器上下载大文件的情况非常有用。

如果没有安装 wget，那么我们就用 yum 来安装 wget，其安装命令如下：

```
[root@localhost ~]# yum -y install wget          \\安装 wget 软件包
```

MySQL 的 yum 源下载好之后，即可进行 MySQL 软件的安装，安装过程如下：

```
[root@localhost mysqlrepo]# yum -y install mysql80-community-release-el7-5.noarch.rpm
                                                 \\安装 mysql YUM 源
[root@localhost mysqlrepo]# ls /etc/yum.repos.d/   \\生成 mysql yum 源
CentOS-Base.repo          CentOS-fasttrack.repo     CentOS-Vault.repo
CentOS-CR.repo            CentOS-Media.repo         mysql-community.repo
CentOS-Debuginfo.repo     CentOS-Sources.repo       mysql-community-source.repo
[root@localhost mysqlrepo]# yum -y install mysql-community-server.x86_64
\\安装 MySQL 服务器，yum 程序会自动解决各种依赖关系。根据主机及网络情况，需要一定的时间
[root@localhost mysqlrepo]# mysql –version
\\查看 MySQL 版本，执行如下命令，如果成功表示安装 mysql 成功
```

```
mysql    Ver 8.0.28 for Linux on x86_64 (MySQL Community Server - GPL)
[root@localhost mysqlrepo]# rpm -qa | grep -i mysql          \\使用 rpm 查看 MySQL 安装情况
mysql-community-libs-compat-8.0.28-1.el7.x86_64
mysql-community-libs-8.0.28-1.el7.x86_64
mysql-community-server-8.0.28-1.el7.x86_64
mysql-community-common-8.0.28-1.el7.x86_64
mysql-community-icu-data-files-8.0.28-1.el7.x86_64
mysql-community-client-plugins-8.0.28-1.el7.x86_64
mysql80-community-release-el7-5.noarch
mysql-community-client-8.0.28-1.el7.x86_64
```

9.1.3 管理 MySQL 服务

MySQL 服务安装完成之后，默认情况下并没有启动。我们可以通过 systemctl 命令启动 MySQL 服务，或设置 MySQL 服务开机启动。

```
[root@localhost mysqlrepo]# systemctl start mysqld.service        \\启动 MySQL 服务
[root@localhost mysqlrepo]# systemctl status mysqld.service       \\查看 mysqld 服务状态
    mysqld.service - MySQL Server
    Loaded: loaded (/usr/lib/systemd/system/mysqld.service; enabled; vendor preset: disabled)
    Active: active (running) since 一 2022-04-11 02:07:05 CST; 37s ago
…(省略部分)
[root@localhost ~]# systemctl stop mysqld.service                 \\停止 mysqld 服务
[root@localhost ~]# systemctl restart mysqld.service              \\重新启动 mysqld 服务
[root@localhost ~]# systemctl enable mysqld.service               \\设置 mysqld 服务开机启动
[root@localhost ~]# systemctl list-unit-files |grep mysqld.service  \\查看 MySQL 自启动状态
mysqld.service              enabled
[root@localhost ~]# systemctl disable mysqld.service              \\禁止 mysqld 服务开机启动
```

9.1.4 登录 MySQL 数据库

MySQL 服务启动后，即可进行登录。首次登录时，需要查找 root 用户的初始随机密码。例如：

```
[root@localhost ~]# grep "password" /var/log/mysqld.log        \\查找 root 用户初始随机密码
2022-04-10T18:06:58.183852Z 6 [Note] [MY-010454] [Server] A temporary password is generated for
root@localhost: yEIweM#YA0ai                    \\加粗字符即为随机密码
[root@localhost ~]# mysql -uroot -p              \\登录 MySQL 服务
Enter password:                                  \\输入上面随机密码，注意输入时系统不回显
Welcome to the MySQL monitor.  Commands end with ; or \g.
Your MySQL connection id is 8
```

Server version: 8.0.28

Copyright (c) 2000, 2022, Oracle and/or its affiliates.

Oracle is a registered trademark of Oracle Corporation and/or its

affiliates. Other names may be trademarks of their respective

owners.

Type 'help;' or '\h' for help. Type '\c' to clear the current input statement.

mysql>　　　　\\命令提示符变为"mysql>"时表示登录 MySQL 服务器成功

mysql> set password='MySQL@123';　　\\修改登录密码，密码设置必须要包含大小写字母、数字和特殊符号(,/';:等)

Query OK, 0 rows affected (0.08 sec)

免密码登录设置如下：首先修改配置文件 vi /etc/my.cnf，找到[mysqld]，在下面一行添加 skip-grant-tables，然后输入":wq"保存，重启 MySQL 服务(systemctl restart mysqld)，之后输入命令 mysql。

例如：

[root@localhost ~]# **vim /etc/my.cnf**　　　　　　　\\编辑/etc/my.cnf 文件

[mysqld]

skip-grant-tables　　　　　　　　　　\\输入免密行记录

[root@localhost ~]# **systemctl restart mysqld**　　\\重启 MySQL 服务

[root@localhost ~]# **mysql**　　　　　　　\\免密登录

登录提示界面说明：

Commands end with; or\g：说明 MySQL 命令行下的命令是以分号(;)或"\g"来结束的，遇到这个结束符就开始执行命令。

Your MySQL connection id is 8：id 表示 MySQL 数据库的连接次数，这里为 8，说明登录 8 次。

Server version: 8.0.28：数据库的版本号。

Type 'help;' or '\h' for help：表示输入"help;"或者"\h"可以看到帮助信息。

Type '\c' to clear the current input statement：表示遇到"\c"就清除前面的命令。

任务 9.2　数 据 库 操 作

新建数据库管理

9.2.1　查看数据库

数据库可以看作一个专门存储数据对象的容器，每个数据库都有唯一的名称。为了更容易理解每个数据库的用途，数据库的名称应该都有实际的意义。

MySQL 数据库中存在系统数据库和自定义数据库两种，系统数据库是在安装 MySQL 后系统自带的数据库，自定义数据库是由用户定义创建的数据库。

语法格式：Show databases　[like　'数据库名']

语法说明：

[like '数据库名']为可选项，用于匹配指定的数据库名称。like 从句可以部分匹配，也可以完全匹配。

例如：

```
mysql>show databases;                        \\查看 MySQL 中所有的数据库
+--------------------+
| Database           |
+--------------------+
| information_schema |
| mysql              |
| performance_schema |
| sys                |
+--------------------+
4 rows in set (0.37 sec)
mysql>show database like 'infor%';           \\查看以 infor 开头的数据库，%为 SQL 语言中的通配符
+----------------------+
| Database (infor%)    |
+----------------------+
| information_schema   |
+----------------------+
1 row in set (0.00 sec)
mysql>show database like '%schema';          \\查看以 schema 结尾的数据库
+----------------------+
| Database (%schema)   |
+----------------------+
| information_schema   |
| performance_schema   |
+----------------------+
2 rows in set (0.00 sec)
mysql>show database like '%for%';            \\查看包含 for 的数据库
+----------------------+
| Database (%for%)     |
+----------------------+
| information_schema   |
| performance_schema   |
+----------------------+
2 rows in set (0.00 sec)
```

注：上述 4 个数据库都是在安装 MySQL 时系统自动创建的，其各自功能如下：

information_schema：主要存储了系统中一些数据库对象的信息，比如用户表信息、列信息、权限信息、字符集信息和分区信息等。

mysql：MySQL 的核心数据库，类似于 SQL Server 中的 master 表，主要负责存储数据库用户、用户访问权限等 MySQL 自己需要使用的控制和管理信息。比如在 MySQL 数据库的 user 表中修改 root 用户密码。

performance_schema：主要用于收集数据库服务器的性能参数。

sys：MySQL 8.0 安装完成后会多一个 sys 数据库。sys 数据库主要提供了一些视图，数据都来自 performation_schema，主要是让开发者和使用者更方便地查看性能问题。

9.2.2　创建数据库

MySQL 中可以使用 create database 语句创建数据库。

语法格式：create database [if not exists] <数据库名>

　　　　　　[[default] character set <字符集名>]

　　　　　　[[default] collate <校对规则名>]

语法说明：

<数据库名>：创建数据库的名称。数据库名称必须符合操作系统的文件夹命名规则，不区分大小写，不能以数字开头，尽量具有实际意义。

if not exists：在创建数据库之前先判断是否已存在同名数据库，库名不存在才执行创建操作。

[default] character set：指定数据库的字符集，以避免在数据库中存储的数据出现乱码的情况。不指定则使用系统默认的字符集。

[default] collate：指定字符集的默认校对规则。可使用命令 show character set 查看字符集所对应的校对规则。

例如：

```
mysql>create database student_db;                    \\创建 student_db 数据库
Query OK, 1 row affected (0.00 sec)                   \\创建成功提示
mysql>create database if not exists teacher_db        \\创建 teacher_db 数据库
    ->default character set utf8                       \\定义字符集为 utf8
    ->default collate utf8_general_ci;                 \\定义校对规则为 utf8_general_ci
Query OK, 1 row affected, 2 warnings (0.00 sec)       \\创建成功
mysql>show create database teacher_db;                \\查看 teacher_db 数据库的定义声明
```

9.2.3　修改数据库

MySQL 数据库中只能对数据库使用的字符集和校对规则进行修改。

语法格式：alter database [数据库名] {

　　　　　　[default] character set <字符集名> |

　　　　　　[default] collate <校对规则名>}

例如：

```
mysql>alter database student_db              \\修改数据库的字符集和校对规则
    ->default character set gbk
```

```
->default collate gbk_chinese_ci;
Query OK, 1 row affected (0.10 sec)
```

9.2.4　删除数据库

当数据库不再使用时应将其删除，以释放数据库存储空间。删除数据库是将已经存在的数据库从磁盘空间上清除，清除之后，数据库中的所有数据也将一同被删除。

语法格式：drop database [if exists] <数据库名>

语法说明：

<数据库名>：指定要删除的数据库名。

if exists：删除之前先判断数据库是否存在。

例如：

```
mysql> drop database student_db;              \\删除 student_db 数据库
Query OK, 0 rows affected (0.13 sec)
mysql>drop database student_db;               \\删除 student_db 数据库，因前面已经删除，该数据
库不再存在，因此出现错误提示
ERROR 1008 (HY000): Can't drop database 'student_db'; database doesn't exist
mysql>drop database if exists student_db;     \\加入 if exists 判断，不出现错误提示
Query OK, 0 rows affected, 1 warning (0.00 sec)
```

注：MySQL 安装时自动创建的 information_schema 和 mysql 系统数据库用于存放一些和数据库相关的信息，如果删除了这两个数据库，MySQL 将不能正常工作。

9.2.5　选择数据库

由于 MySQL 中可存在多个数据库，因此，在操作数据库之前就必须要确定所选择的是哪一个数据库。

我们在使用 create database 语句创建新的数据库时，所创建的数据库不会自动成为当前数据库，需要用 use 来指定当前数据库，才能对该数据库及其存储的数据对象执行操作。

语法格式：use <数据库名>

例如：

```
mysql>use student_db                          \\选择 student_db 数据库
Database changed                              \\选择数据库成功
```

注：前面步骤已删除数据库需再自行创建。

任务 9.3　数据表操作

9.3.1　创建表

数据表管理

创建数据库之后，需要在数据库中创建数据表以存储记录。数据表属于数据库，在创

建数据表之前，应使用语句"use <数据库>"指定操作在哪个数据库中进行，如果没有选择数据库，则会出现"No database selected"的错误提示。要创建的表的名称不区分大小写，不能使用 SQL 语言中的关键字，如 DROP、ALTER、INSERT 等。

语法格式：create table <表名> [<列名 1><类型 1> [,…] <列名 n><类型 n>]

例如：在 student_db 数据库中创建学生成绩单表，结构如表 9-1 所示。

表 9-1　学生成绩单

字段名称项	数据类型	说　明
id	INT(ll)	学号
name	VARCHAR(25)	姓名
class	VARCHAR(25)	班级
math	FLOAT	数学

```
mysql>use student_db;                    \\选择数据库
Database changed
mysql>create table tb_chengji           \\创建数据表 tb_chengji
    -> (id INT(11),
    -> name VARCHAR(25),
    -> class VARCHAR(25),
    -> math FLOAT
    -> );
Query OK, 0 rows affected, 1 warning (0.06 sec)
mysql>show tables;                       \\查看数据表是否创建成功
+------------------------+
| Tables_in_student_db |
+------------------------+
| tb_chengji            |
+------------------------+
1 row in set (0.00 sec)
```

9.3.2　查看表结构

创建完数据表之后，可使用 describe 和 show create table 命令来查看数据表的结构。

describe/desc 语句会以表格的形式来展示表的字段信息，包括字段名、字段数据类型、是否为主键、是否有默认值等。show create table 命令会以 SQL 语句的形式来展示表信息。它能展示更加丰富的内容。比如，可以查看表的存储引擎和字符编码等；还可以通过\g 或者\G 参数来控制展示格式。

例如：

```
mysql>describe tb_chengji;               \\使用 describe 查看表结构
    +---------+----------------+-------+------+---------+-------+
```

```
| Field   | Type         | Null  | Key | Default | Extra |
+---------+--------------+-------+-----+---------+-------+
| id      | int          | YES   |     | NULL    |       |
| name    | varchar(25)  | YES   |     | NULL    |       |
| class   | varchar(25)  | YES   |     | NULL    |       |
| math    | float        | YES   |     | NULL    |       |
+---------+--------------+-------+-----+---------+-------+
4 rows in set (0.01 sec)
mysql> show create table tb_chengji\G          \\使用 show create table 查看表结构
*************************** 1. row ***************************
        Table: tb_chengji
Create Table: CREATE TABLE `tb_chengji` (
  `id` int DEFAULT NULL,
  `name` varchar(25) DEFAULT NULL,
  `class` varchar(25) DEFAULT NULL,
  `math` float DEFAULT NULL
) ENGINE=InnoDB DEFAULT CHARSET=utf8mb4 COLLATE=utf8mb4_0900_ai_ci
1 row in set (0.00 sec)
```

9.3.3　修改表

使用 alter table 语句来修改数据表的结构，如增加或删减列、更改原有列类型、重新命名列或表等。

语法格式：alter table <表名> [修改选项]

alter table 常用修改选项：

```
add     column    <列名><类型>
change  cloumn    <旧列名><新列名><新列类型>
alter   column    <列名>   { set default   <默认值>   |   drop default }
modify  column    <列名><类型>
drop    column    <列名>
rename  to        <新表名>
character set      <字符集名>
collate  <校对规则名>
```

例如：

```
mysql>alter table tb_chengji rename to tb_exam;          \\修改表名
Query OK, 0 rows affected (0.03 sec)
mysql>show tables;                                        \\查看数据表
+-------------------------+
| Tables_in_student_db |
```

```
+--------------------------+
| tb_exam                  |
+--------------------------+
1 row in set (0.00 sec)
mysql>alter table tb_exam character set gb2312 default collate gb2312_chinese_ci;
                                               \\修改表的字符集和校对规则
```

9.3.4 修改/删除字段

创建完数据表之后，在后续的实际生产过程中，有时会对表字段进行修改或删除，修改表字段的各种语法格式如下：

修改表字段名：alter table <表名> change <旧字段名><新字段名><新数据类型>

修改表字段数据类型：alter table <表名> modify <字段名><数据类型>

删除表字段：alter table <表名> drop <字段名>

添加表字段：alter table <表名> add <新字段名><数据类型>[约束条件]

例如：

```
mysql>alter table tb_examchange class class_21 char(30);    \\重命名 class 字段，同时修改字段
数据类型为 char(30)
Query OK, 0 rows affected (0.07 sec)
Records: 0   Duplicates: 0   Warnings: 0
mysql>desc tb_exam;                                          \\查看数据表验证
+----------+-------------+------+-----+---------+-------+
| Field    | Type        | Null | Key | Default | Extra |
+----------+-------------+------+-----+---------+-------+
| id       | int         | YES  |     | NULL    |       |
| name     | varchar(25) | YES  |     | NULL    |       |
| class_21 | char(30)    | YES  |     | NULL    |       |
| math     | float       | YES  |     | NULL    |       |
+----------+------------- +------ +-----+---------+-------+
4 rows in set (0.00 sec)
mysql> alter table tb_exam add english FLOAT;               \\在表末尾添加字段
mysql> alter table tb_examdropenglish                       \\删除字段
mysql>alter table tb_exam add college VARCHAR (30) first;   \\在表开头添加字段
mysql>alter table tb_examadd age INT (4) after name;        \\在表指定字段后添加字段
```

9.3.5 复制表

我们可以在一张已经存在的数据表的基础上创建一份该表的拷贝，也就是复制表。复制表分为两种形式，即仅复制表结构和复制表结构及表数据，其语法格式如下：

仅复制表结构：create table [if no exists] 新数据表名 like 源数据表名

复制表结构和表数据：create table [if no exists]新数据表名 as select * from 源数据表名

例如：

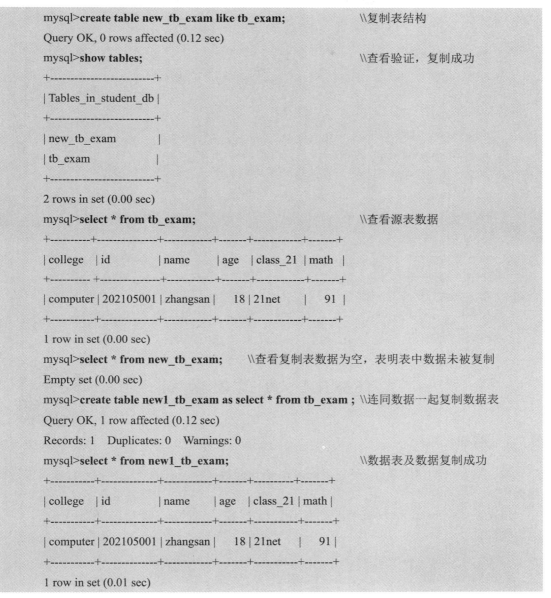

```
mysql>create table new_tb_exam like tb_exam;                    \\复制表结构
Query OK, 0 rows affected (0.12 sec)
mysql>show tables;                                             \\查看验证，复制成功
+---------------------+
| Tables_in_student_db |
+---------------------+
| new_tb_exam         |
| tb_exam             |
+---------------------+
2 rows in set (0.00 sec)
mysql>select * from tb_exam;                                    \\查看源表数据
+----------+-----------+----------+------+---------+------+
| college  | id        | name     | age  | class_21 | math |
+----------+-----------+----------+------+---------+------+
| computer | 202105001 | zhangsan |   18 | 21net   |   91 |
+----------+-----------+----------+------+---------+------+
1 row in set (0.00 sec)
mysql>select * from new_tb_exam;        \\查看复制表数据为空，表明表中数据未被复制
Empty set (0.00 sec)
mysql>create table new1_tb_exam as select * from tb_exam ; \\连同数据一起复制数据表
Query OK, 1 row affected (0.12 sec)
Records: 1  Duplicates: 0  Warnings: 0
mysql>select * from new1_tb_exam;                            \\数据表及数据复制成功
+----------+-----------+----------+------+---------+------+
| college  | id        | name     | age  | class_21 | math |
+----------+-----------+----------+------+---------+------+
| computer | 202105001 | zhangsan |   18 | 21net   |   91 |
+----------+-----------+----------+------+---------+------+
1 row in set (0.01 sec)
```

9.3.6　删除表

我们可以将不再需要的数据表从数据库中删除。删除数据表时用户必须拥有执行 drop table 命令的权限。表被删除时，用户在该表上的权限不会自动删除。在删除表的同时，表的结构和表中所有的数据都会被删除，因此在删除数据表之前最好先备份。

语法格式：drop table [if exists] 表名 1 [,表名 2，表名 3 …]

例如：

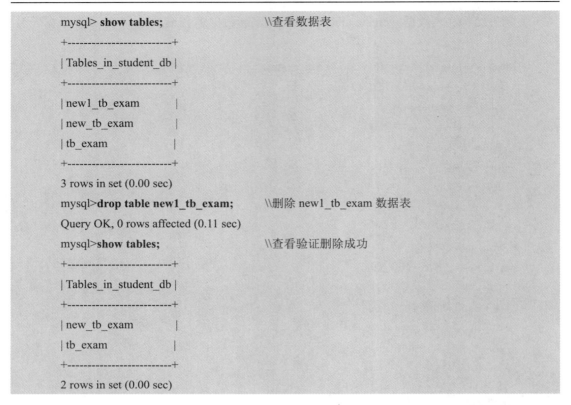

```
mysql> show tables;                          \\查看数据表
+------------------------+
| Tables_in_student_db |
+------------------------+
| new1_tb_exam         |
| new_tb_exam          |
| tb_exam              |
+------------------------+
3 rows in set (0.00 sec)
mysql>drop table new1_tb_exam;               \\删除 new1_tb_exam 数据表
Query OK, 0 rows affected (0.11 sec)
mysql>show tables;                           \\查看验证删除成功
+------------------------+
| Tables_in_student_db |
+------------------------+
| new_tb_exam          |
| tb_exam              |
+------------------------+
2 rows in set (0.00 sec)
```

任务 9.4　处理表数据

9.4.1　增加记录

数据表数据管理

数据库与表创建成功以后，使用 insert 语句向数据库已有的表中插入一行或者多行元组数据。

语法格式：insert into <表名><列名 1>[…,<列名 n>] values (值 1) […,(值 n)]

例如：

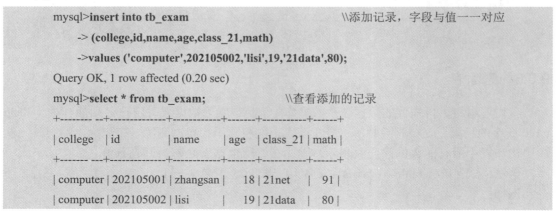

```
mysql>insert into tb_exam                                      \\添加记录，字段与值一一对应
    -> (college,id,name,age,class_21,math)
    ->values ('computer',202105002,'lisi',19,'21data',80);
Query OK, 1 row affected (0.20 sec)
mysql>select * from tb_exam;                  \\查看添加的记录
+----------+-----------+----------+------+----------+------+
| college  | id        | name     | age  | class_21 | math |
+----------+-----------+----------+------+----------+------+
| computer | 202105001 | zhangsan |   18 | 21net    |   91 |
| computer | 202105002 | lisi     |   19 | 21data   |   80 |
```

```
+----------+------------+----------+-------+----------+------+
2 rows in set (0.00 sec)
mysql> insert into tb_exam                    \\如果全字段添加记录，字段名可不输入
   ->values ('computer',202105003,'wangwu',20,'21net',92);
Query OK, 1 row affected (0.21 sec)
mysql> select * from tb_exam;                 \\查看添加的记录
+----------+------------+----------+-------+----------+------+
| college  | id         | name     | age   | class_21 | math |
+----------+------------+----------+-------+----------+------+
| computer | 202105001  | zhangsan |  18   | 21net    |  91  |
| computer | 202105002  | lisi     |  19   | 21data   |  80  |
| computer | 202105003  | wangwu   |  20   | 21net    |  92  |
+----------+------------+----------+-------+----------+------+
3 rows in set (0.00 sec)
mysql>insert into new_tb_exam    \\把 tb_exam 表中记录全部复制到 new_tb_exam 表中
   ->(college,id,name,age,class_21,math)
   ->select college,id,name,age,class_21,math
   ->from tb_exam;
Query OK, 3 rows affected (0.00 sec)
Records: 3   Duplicates: 0   Warnings: 0
mysql>select * from new_tb_exam;          \\查看复制结果
+----------+------------+----------+-------+----------+------+
| college  | id         | name     | age   | class_21 | math |
+----------+------------+----------+-------+----------+------+
| computer | 202105001  | zhangsan |  18   | 21net    |  91  |
| computer | 202105002  | lisi     |  19   | 21data   |  80  |
| computer | 202105003  | wangwu   |  20   | 21net    |  92  |
+----------+------------+----------+-------+----------+------+
3 rows in set (0.00 sec)
```

9.4.2　更新记录

使用 update 语句可以修改、更新一个或多个表中的数据。

语法格式：update <表名> set 字段 1=值 1 [,字段 2=值 2…] [where 子句]

语法说明如下：

<表名>：用于指定要更新的表名称。

set 子句：用于指定表中要修改的列名及其列值。其中，每个指定的列值可以是表达式，也可以是该列对应的默认值。如果指定的是默认值，可用关键字 default 表示列值。修改一行数据的多个列值时，set 子句的每个值用逗号分开。

where 子句：可选项。用于限定表中要修改的行。若不指定，则修改表中所有的行。

例如：

```
mysql>update tb_exam              \\更新表 tb_exam 中的字段 class_21 为 21net
    ->set class_21='21net';
mysql>select * from tb_exam;      \\查看表验证
+----------+-------------+------------+-------+----------+-------+
| college  | id          | name       | age   | class_21 | math  |
+----------+-------------+------------+-------+----------+-------+
| computer | 202105001   | zhangsan   |    18 | 21net    |    91 |
| computer | 202105002   | lisi       |    19 | 21net    |    80 |
| computer | 202105003   | wangwu     |    20 | 21net    |    92 |
+----------+-------------+------------+-------+----------+-------+
3 rows in set (0.00 sec)
mysql>update tb_exam              \\更新表中 id=202105002 记录的 math 字段值为 98
    ->set math=98
    ->where id=202105002;
Query OK, 1 row affected (0.00 sec)
Rows matched: 1    Changed: 1    Warnings: 0
mysql> select * from tb_exam;     \\查看表验证
+----------+-------------+------------+-------+----------+-------+
| college  | id          | name       | age   | class_21 | math  |
+----------+-------------+------------+-------+----------+-------+
| computer | 202105001   | zhangsan   |    18 | 21net    |    91 |
| computer | 202105002   | lisi       |    19 | 21net    |    98 |
| computer | 202105003   | wangwu     |    20 | 21net    |    92 |
+----------+-------------+------------+-------+----------+-------+
3 rows in set (0.00 sec)
```

9.4.3　查询记录

通过 select 语句可以查询数据，可根据需求使用不同的查询方式来获取不同的数据。

1. 查询表中所有字段

使用"*"通配符可查询表中所有字段的数据。

例如：

```
mysql>select * from tb_exam;                       \\查询表中所有记录
+----------+-------------+------------+-------+----------+-------+
| college  | id          | name       | age   | class_21 | math  |
+----------+-------------+------------+-------+----------+-------+
| computer | 202105001   | zhangsan   |    18 | 21net    |    91 |
| computer | 202105002   | lisi       |    19 | 21net    |    98 |
```

```
| computer | 202105003 | wangwu    |    20 | 21net       |    92 |
+----------+-----------+-----------+-------+-------------+-------+
```
3 rows in set (0.00 sec)

2. 查询表中指定的字段

语法格式：select < 列名 > from < 表名 >;

```
mysql>select name from tb_exam;                    \\查询表中 name 字段的记录
+----------+
| name     |
+----------+
| zhangsan |
| lisi     |
| wangwu   |
+----------+
```
3 rows in set (0.00 sec)

注：不同字段名称之间用逗号","分隔开，可以获取多个字段的数据。例如：select <字段名 1>,<字段名 2>,…,<字段名 n> from <表名>。

9.4.4　删除记录

使用 delete 语句删除表的一行或者多行数据，在不使用 where 条件的时候，将删除表中所有数据。

语法格式：delete from <表名> [where 子句]

例如：

```
mysql>select * from new_tb_exam;           \\查询表 new_tb_exam 中的记录
+----------+-----------+-----------+-------+----------+------+
| college  | id        | name      | age   | class_21 | math |
+----------+-----------+-----------+-------+----------+------+
| computer | 202105001 | zhangsan  |    18 | 21net    |   91 |
| computer | 202105002 | lisi      |    19 | 21data   |   80 |
| computer | 202105003 | wangwu    |    20 | 21net    |   92 |
+----------+-----------+-----------+-------+----------+------+
```
3 rows in set (0.00 sec)

```
mysql>delete from new_tb_exam;             \\删除 new_tb_exam 表中所有的记录
Query OK, 3 rows affected (0.00 sec)
mysql>select * from new_tb_exam;           \\查询表 new_tb_exam 已经为空
Empty set (0.00 sec)
mysql>delete from tb_exam                  \\删除 id=02105003 的记录
    ->where id=202105003;
Query OK, 1 row affected (0.00 sec)
```

```
mysql> select * from tb_exam;                    \\查询表信息，对应记录已经被删除
+----------+-----------+----------+-------+----------+-------+
| college  | id        | name     | age   | class_21 | math  |
+----------+-----------+----------+-------+----------+-------+
| computer | 202105001 | zhangsan |    18 | 21net    |    91 |
| computer | 202105002 | lisi     |    19 | 21net    |    98 |
+----------+-----------+----------+-------+----------+-------+
2 rows in set (0.00 sec)
```

任务 9.5　数据库的备份与恢复

数据库一般存储的都是企业重要的数据，都会采取相应措施来保证数据库的安全，但是在不确定的意外情况下，还是有可能会造成数据的损失。所以为了保证数据的安全，需要定期对数据进行备份，以便在数据库出现错误时，进行数据恢复。

9.5.1　数据库备份

数据库备份是指通过导出数据或者复制表文件的方式来制作数据库的副本。当数据库出现故障或遭到破坏时，将备份的数据库加载到系统，从而使数据库从错误状态恢复到备份时的正确状态。可以使用 mysqldump 命令将数据库中的数据备份成一个文本文件，数据表的结构和数据将存储在生成的文本文件中。

语法格式：mysqldump -u username -p db_name [tb_name ...]>backupfile

参数说明：

username：表示用户名称。

db_name：表示需要备份的数据库名称。

tb_name：表示数据库中需要备份的数据表，可以指定多个数据表，省略该参数时，会备份整个数据库。

右箭头"＞"：用来告诉 mysqldump 将备份数据表的定义和数据写入备份文件。

backupfile：表示备份文件的名称，文件名前面可以加绝对路径。

例如：

```
[root@localhost ~]# mysqldump -uroot -p student_db tb_exam > /mysqlbakup/tb_exam.bk
                                          \\备份 studen_db 数据库中的 tb_exam 数据表
Enter password:                           \\输入 root 密码，不回显
[root@localhost ~]# ls /mysqlbakup/       \\查看备份文件
tb_exam.bk
[root@localhost ~]# mysqldump -u root -p --databases student_db teacher_db > /mysqlbakup/
stuandteach.bak                           \\备份 student_db 和 teacher_db 数据库
```

```
[root@localhost ~]# mysqldump -u root -p --all-databases> /mysqlbakup/alldb.bak
                              \\备份所有数据库
```

9.5.2　恢复数据库

当数据库中的数据意外丢失或损坏时，可使用备份文件进行恢复数据库，以减少数据丢失和被破坏造成的影响。通过 mysql 命令来执行备份文件中的 create 语句和 insert 语句来恢复备份的数据。

语法格式：mysql -u username -P [db_name] <backupfile

参数说明：

username：表示用户名称。

db_name：表示数据库名称，该参数是可选参数。如果 filename.sql 文件为 mysqldump 命令创建的包含创建数据库语句的文件，则执行时不需要指定数据库名。如果指定的数据库名不存在将会报错。

backupfile：表示备份文件的名称。

例如：

```
mysql>drop database teacher_db ;           \\删除 teacher_db 数据库
Query OK, 0 rows affected (0.25 sec)
mysql>show databases;                      \\查看数据库，发现 teacher_db 数据库已经删除
+--------------------+
| Database           |
+--------------------+
| information_schema |
| mysql              |
| performance_schema |
| student_db         |
| sys                |
+--------------------+
5 rows in set (0.00 sec)
[root@localhost mysqlbakup]# mysql -u root -p </mysqlbakup/alldb.bak  \\通过前面备份的所有
数据库的备份文件 alldb.bak 进行数据库恢复
Enter password:
mysql>show databases;                      \\查看数据库，发现 teacher_db 数据库已经恢复
+--------------------+
| Database           |
+--------------------+
| information_schema |
| mysql              |
| performance_schema |
```

```
| student_db            |
| sys                   |
| teacher_db            |
+-----------------------+
6 rows in set (0.00 sec)
```

实训   MySQL 数据库服务器的安装与管理

1. 实训目的

(1) 掌握 MySQL 数据库的安装与启动。

(2) 重点掌握数据库的操作。

(3) 重点掌握数据表的操作。

(4) 重点掌握表数据的处理。

(5) 掌握数据库的备份与恢复。

2. 实训内容

(1) 使用 rpm 命令查看系统是否安装过 MySQL。

(2) 配置 Linux 主机能连接互联网。

(3) 使用 wget 命令下载 MySQL 的 yum repository。

(4) 使用 yum 命令完成 MySQL8.0 的安装。

(5) 启动 mysqld 服务,并设置成开机自启。

(6) 登录 MySQL 数据库。

(7) 创建 mydata_db 数据库,并查看验证。

(8) 在 mydata_db 数据库中创建 tb_mytable 数据表并查看验证,数据结构如表 9-2 所示。

表 9-2   tb_mytable 数据表结构

字段名称项	数据类型
num	INT(5)
name	VARCHAR(25)
sex	VARCHAR(6)
borndate	DATE

(9) 在 tb_mytable 数据表中添加记录(20220001, 'zhangsan', 'male', '1999-01-12')、(20220002, 'lisi', 'male', '1998-02-10')、(20220003, 'lihong', 'female', '1999-10-25')并查看验证。

(10) 把 tb_mytable 数据表的 num 字段名更改成 id。

(11) 把 id=20220002 记录的 borndate 字段值改为 2020-7-10。

(12) 查询 tb_mytable 表中所有记录,查看表中 name 字段的记录。

(13) 删除 id=20220003 的记录。

(14) 备份所有数据库。

(15) 删除 mydata_db 数据库,然后再进行恢复,查看验证是否成功。

3. 实训要求

(1) 按题目要求写出相应操作，操作结果以"文字+截图"的方式保存。

(2) 总结实训心得和体会。

练　习　题

一、填空题

1. MySQL 是一款_____、_____、_____、_____、小型关系型数据库管理系统。

2. MySQL 可分为_____、_____、_____、_____ 4 大版本。

3. 启动 MySQL 数据库的命令是_____。

4. MySQL 第一次登录时需要在_____文件中找 root 用户的初始随机密码。

5. 对数据库进行数据表操作前，需要使用命令_____先选择数据库。

二、选择题

1. 查看当前所有数据库的命令是(　　　)。

A. show database

B. show databases

C. list database

D. list databases

2. 创建名为 test_db 数据库的命令是(　　　)。

A. create database test_db

B. create databases test_db

C. touch database test_db

D. touch databases test_db

3. 查看 tb_test 数据表的命令是(　　　)。

A. show　tb_test

B. Show　table　tb_test

C. desc　tb_test

D. Desc　table　tb_test

4. 在数据表 tb_test 中的字段 name 后增加新的字段 id 的命令是(　　　)。

A. alter tb_test add name char(30) after name

B. alter tb_test after name add name char(30)

C. alter table tb_test add name char(30) after name

D. alter table tb_test after name add name char(30)

5. 删除数据表 tb_test 中 id 号为 10 的记录的命令是(　　　)。

A. delete from tb_exam where id=10

B. delete from tb_exam id=10

C. drop from tb_exam where id=10

D. drop from tb_exam id=10

参 考 文 献

[1]　杨云. Linux 网络操作系统项目教程(RHEL 7.4/CentOS 7.4)(微课版)[M]. 3 版. 北京：人民邮电出版社，2019.

[2]　崔继，邓宁宁. Linux 操作系统原理实践教程[M]. 北京：清华大学出版社，2020.

[3]　鸟哥. 鸟哥的 Linux 私房菜：基础学习篇 [M]. 4 版. 北京：人民邮电出版社，2018.

[4]　刘振宇，夏凤龙，王浩. Linux 服务器搭建与管理案例教程[M]. 上海：上海交通大学出版社，2018.

[5]　高志君. Linux 系统管理与服务器配置：基于 CentOS 7 [M]. 北京：电子工业出版社，2019.

[6]　老男孩. MySQL 入门与提高实践[M]. 北京：机械工业出版社，2019.